科学中的事实与猜想

从一到无穷大

〔美〕**乔治·伽莫夫** 著
George Gamow

秦鹏——译

北京理工大学出版社
BEIJING INSTITUTE OF TECHNOLOGY PRESS

图书在版编目（CIP）数据

从一到无穷大：科学中的事实与猜想 / (美) 乔治·伽莫夫著；秦鹏译. — 北京：北京理工大学出版社，2022.3

ISBN 978-7-5682-8174-4

Ⅰ.①从… Ⅱ.①乔…②秦… Ⅲ.①自然科学 – 普及读物 Ⅳ.①N49

中国版本图书馆CIP数据核字（2020）第030413号

出版发行 / 北京理工大学出版社有限责任公司		
社　　址 / 北京市海淀区中关村南大街5号		
邮　　编 / 100081		
电　　话 / (010) 68914775（总编室）		
(010) 82562903（教材售后服务热线）		
(010) 68944723（其他图书服务热线）		
网　　址 / http://www.bitpress.com.cn		
经　　销 / 全国各地新华书店		
印　　刷 / 大厂回族自治县德诚印务有限公司		
开　　本 / 880 毫米 × 1230 毫米　　1/32		
印　　张 / 10.5	责任编辑 / 钟　博	
字　　数 / 235千字	文案编辑 / 钟　博	
版　　次 / 2022年3月第1版　2022年3月第1次印刷	责任校对 / 周瑞红	
定　　价 / 49.80元	责任印制 / 施胜娟	

目录

目录

第一部分
玩一玩数字游戏

第一章　大　数

1. 你最大能数到几

有一则故事讲的是两位匈牙利贵族在玩一个数字游戏，如果谁说出的数字最大，那么就算谁赢。

"好吧，"其中一个人说，"先说出你的数字吧。"

在经过几分钟绞尽脑汁的思索之后，另一个人给出了他能想到的最大数字。

"3。"他说。

现在轮到第一个人了，但是在思考了足足一刻钟之后，他放弃了。

"你赢了。"他心服口服地说。

当然，这两位匈牙利贵族并不一定智力过人，也可能这个故事根本就是胡编乱造的谣传。但如果这两位贵族不是匈牙利人而是霍屯督人的话，那么这样的对话也不足为奇。我们确实从非洲探险家的权威报告中获悉，许多霍屯督部落还没有相应的词汇来表述大于3的数字，你问一个当地土著他有几个儿子，或者问他杀了多少个敌人，如果这个数字大于3，那么他的回答就是"许多"。因此，在霍屯督人的国度里，就数数这件事而言，勇猛的武士也会被美国幼儿园里自吹能数到 10 的孩子虐得"体无完肤"吧。

现在，只要我们想，多大的数字都能写出来，我们对此已经习以为常了，无论是以美分为单位来计算军费支出，还是以英寸为单位来测量星际距离，只需要在一定的数字右边加足够多的零就行了，你可以加零加到手酸，但是在你还没感觉到手酸之前，你可能已经写出了一个比全宇宙原子总数①还大的数字，譬如 300 000 000 000 000 000 000 000 000 000 000 000 000 000 000 000 000 000 000 000 000 000 000 000 000，或者你也可以简写成：3×10^{74}。

10 右边的上标数字 74 表示需要书写出来的零的个数，也就是说，这个数字意味着 3 要用 10 乘上 74 次。

但是古代没有这种"算术如此简单"的表示方法，实际上，这是由印度一位不为人知的数学家发明的，距今还不到两百年的时间。在这个伟大发明之前——虽然我们平时意识不到，但这的确是一个伟大的发明——人们经常用一些特殊的符号来记数，我们现在称之为十进制单元，通过重复书写来表示相应数位上的数值，例如，古埃及人是这样书写数字 8732 的：

而在恺撒大帝时期，办公室职员用下面这种形式书写：

MMMMMMMMDCCXXXII

---

① 以现有最大望远镜能够看到的范围为界。

上面这些数字符号你一定不会觉得陌生，因为在现代的某些特定场合，我们还是会使用到罗马数字，用以表示书籍的卷册或章节，或在雄伟的纪念碑上标注历史事件的日期等。但是，古代会计学涉及的数字最大不会超过几千，因此更大的十进制单元符号并不存在。对一个古罗马人来说，无论他在算术方面的造诣有多高，当被要求写出"一百万"的时候，他也会表现得相当窘迫，对于这种要求，他能写出的最好答案恐怕就是连续写一千个"M"了吧，这可是一项需要花费数小时才能完成的艰难工作啊（图1）。

图1　恺撒大帝时期的一个古罗马人正尝试着用罗马数字表示"一百万"，但整面墙写满之后，也才"十万"不到

对古人而言，天上的星星、海里的鱼、沙滩上的沙粒都是不可计数的，就像霍屯督人对"3"的感情一样，只能用"许多"来表述。

公元3世纪，著名的科学家阿基米德用他过人的才智，向世人证明了大数是可以被书写的，他在《数沙者》中这样写道：

"有人认为沙粒的数量是无限的，我这里所说的沙粒不只是存在于锡拉库萨（意大利西西里岛东部港口城市）或西西里岛的，还包括地球上的其他所有地方，无论那里是否有人居住。当然，也有人认为这个数字不是无限的，只是想不到一个足够大的数来定义地球上沙粒的数量。但对持这种观点的人来说，有一点很明确，那就是如果把地球想象成一个大沙球，并用沙子把上面所有的海洋和凹陷地带填得与最高峰一样高，他们会更加确信没有一个数能够表示这个大沙球里沙粒的数量。但是，我将用我定义数字的方法来向你们展示，不仅是这个大沙球，就连和整个宇宙一样大的大沙球中包含沙粒的数量都可以表示出来。"

阿基米德提出的大数书写方法与现代科学上的方法相似，古希腊算术中，最大的数字"myriad"就是他提出来的，也就是现在的"万"，然后他又引出新数字"万万"，他称之为"亿"或者"二阶单元"，"亿亿"就是"三阶单元"，"亿亿亿"就是"四阶单元"，依此类推。

花几页纸写一个大数，虽然看上去有些小题大做，但在阿基米德那个时代，能找到一种书写大数的方法就算是很伟大的发明了，是数学学科发展史上的一大进步。

要算出填满整个宇宙需要用到的沙粒数，阿基米德必须先知道宇宙有多大。在那个时代，人们普遍认为宇宙就是一个大水晶球，星星附着其上，与他同时期的学者阿里斯塔克斯（古希腊著名的天文学家）估算从地球到宇宙边缘的距离约为 10 亿英里[①]。

---

① 1 英里 = 1.609 344 千米。

通过对比宇宙和沙粒的大小，并经过一系列复杂的计算之后，阿基米德得到了最终结果：

"很明显，按照阿里斯塔克斯给出的尺寸计算，宇宙所能装下的沙粒数量不会比一千万的'八阶单元'大。"[①]

不难发现，阿基米德估算的宇宙半径要比现代科学家认为的小得多，一千万英尺[②]只不过比太阳到土星的距离大一点点而已。利用天文望远镜，我们将会探索宇宙的边界至 5 000 000 000 000 000 000 000 英里，到时候，填满宇宙所用的沙粒数量会超过 10^{100}（也就是 1 后面有 100 个 0）。

当然，这个数要比本章开篇提及的全宇宙原子总数 3×10^{74} 大得多，但是我们可不要忘了，宇宙并不是由原子填满的，实际上，平均每立方米空间才只有一个原子。

当然我们完全没有必要为了得到很大的数字，而做这种用沙粒满宇宙的疯狂事，其实，有很多乍一看很简单的问题会涉及大数，只是刚开始你想不到这个数会比几千还大。

传说有一次，印度的舍罕王着实被算术问题给难倒了，他想赏赐一位发明并赠予他象棋的大臣西萨·班·达依尔，而这位聪明的大臣却十分谦逊地跪在舍罕王的面前说："陛下，如果您真

----

① 用现代的数学方法表示就是：

   一千万   二阶   三阶   四阶

 （10 000 000）×（10 000 000）×（10 000 000）×（10 000 000）×

   五阶   六阶   七阶   八阶

 （10 000 000）×（10 000 000）×（10 000 000）×（10 000 000）

 或者简写为：

$$10^{63}$$（也就是 1 后面有 63 个 0）。

② 1 英尺 =0.304 8 米。

想赏赐我的话，那就赐予我一棋盘的麦子吧，不过我有个要求，那就是在棋盘上第一个方格中放一粒麦子，在第二个方格中放两粒麦子，在第三个方格中放四粒麦子，在第四个方格中放八粒麦子，依此类推，下一格中的麦子永远是前一格中麦子的两倍，一直到最后一个（第64个）方格为止。"

"你要的也不多嘛，我的爱卿。"舍罕王大声地说，但心里却默默地在想，对这位象棋发明者的慷慨赏赐并不会花费他太多，并因此感到窃喜。"我一定会满足你的要求的。"然后他就命令侍从运来了一袋小麦（图2）。

图2　精通数学的首席大臣西萨·班·达依尔在向印度舍罕王索要奖赏

但是当按照第一格一粒、第二格两粒、第三格四粒这样的规则开始计数之后，在还不到第二十个方格的时候，袋子就已经空了。越来越多的小麦被运送过来，但由于麦粒的需求成倍增加，不一会儿舍罕王就明白了，即使把皇室所有的粮食都运过来也满足不了西萨·班·达依尔的要求，而要满足他的要求一共需要

18 446 744 073 709 551 615 粒麦子[①]！

这个数字与全宇宙的原子总数相比也不算太大，我们假设 1 蒲式耳（英式计量单位，等于 36.4 升）小麦约有 5 000 000 粒，那么一共需要 400 亿蒲式耳的麦子才能满足西萨·班·达依尔的要求。而当时全世界小麦的平均年产量约为 2 000 000 000 蒲式耳，因此，满足这位首席大臣的要求恐怕得等上 2 000 年。

这让舍罕王觉得自己深陷债务之中，而摆在他面前的选项有两个，一个是砍掉大臣的脑袋，另一个是永无止境地偿还，我想他肯定选择了前者。

另一个以大数为主角的故事也发生在印度，讲的是关于"世界末日"的话题，酷爱数学的历史学家鲍尔向我们讲述了这个故事[②]：

在象征世界中心的贝拿勒斯（位于印度北方邦东南部，印度教圣地）的一个神殿里，安放着一块铜板，铜板上面固定着三根宝石针，均为 1 腕尺（1 腕尺约等于 20 英寸[③]）高，粗细和蜜蜂的身体差不多。梵天创世之时，在其中一根针上穿了 64 片纯金的盘片，贴着铜板的那片最大，然后往上依次变小，这就是梵天塔。

---

① 机智的大臣所要求麦粒的总数可以用如下公式来表示：
$$1+2+2^2+2^3+2^4+\cdots+2^{63}+2^{64}$$
数学上，对每个数字都以固定倍数（本例中的倍数是 2）递增的一列数求和，称为几何级数。可以看出，这个数列的和等于固定倍数的项数（本例中为 64）次幂减去第一项（本例中为 1），然后除以固定倍数与 1 的差值，即
$$\frac{2^{64}-1}{2-1}=2^{64}-1$$
具体的数值结果为 18 446 744 073 709 551 615。
② 引自 W. W. R. Ball 的著作《数学拾零》。
③ 1 英寸 =0.025 4 千米。

祭司不分昼夜地将这些金盘从一根宝石针上转移到另一根上，按照梵天定律的要求，祭司一次只能转移一个金盘，并且小金盘不能置于大金盘之上。当64个金盘从创世之时的那根宝石针上全部转移到另一根上的时候，塔、神殿，还有婆罗门众神就会轰然崩塌，化为尘埃，而伴随着一声惊雷，世界也会化为乌有。

图3描绘的就是这个故事，只不过图中画出的金盘数量不足64个。你可以用几个普通的圆纸板代替金盘，用3个洋钉代替宝石针，把这个印度神话中令人迷惑的祭祀玩具做出来。按照定律要求，找到规律并不难，你会发现，移动一个金盘到另一根宝石针上所需要的动作次数是移动上一个金盘的两倍。移动第一个金盘只需要动作一次，但移动后面的金盘所需要的动作次数将以几何倍数增长，当把所有64个金盘移完所需要的动作次数将和西萨·班·达依尔所要求的小麦粒数一样多[①]。

那么问题来了，把64个金盘从一根宝石针移到另一根上需要花费多长时间呢？我们假设祭司1秒钟移动一次金盘，而且他不分昼夜地工作，没有休息日，也没有假期，一年有31 558 000秒，这样算下来，他需要花超过5 800亿年的时间才能完成这项工作。

[①] 假如只有7个金盘，那么需要移动的次数为：

$$1 + 2^1 + 2^2 + 2^3 + 2^4 + \cdots + 2^6 = 127$$

或者是

$$2^7 - 1 = 2 \times 2 \times 2 \times 2 \times 2 \times 2 \times 2 - 1 = 127$$

在动作敏捷且不犯任何错误的前提下，完成这项工作需要花费大约一个小时的时间，而移动64个金盘所需要的动作次数为：

$$2^{64} - 1 = 18\ 446\ 744\ 073\ 709\ 551\ 615$$

这和西萨·班·达依尔所要求的小麦粒数一样多。

图3　一名祭司正在大型梵天塔模型前研究"世界末日"的问题，由于绘画方面的难度，这里画出的铜盘并没有64个

　　把这种关于宇宙寿命纯传说性质的预言与现代科学的预测作比较是一件十分有趣的事。根据目前的宇宙演化理论，大约30亿年前，恒星，以及包括我们地球在内的行星，形成于一片混沌之中。此外，我们还知道，使恒星，尤其是太阳发光发热的"原子燃料"还能持续燃烧100亿~150亿年（见第十一章"创世"的年代）。因此，宇宙的全生命周期绝不会超过200亿年，而没有像印度传说中估计的5 800亿年那么长。毕竟那只是个传说而已。

　　在文学作品中出现的最大数字应该是著名的"印刷行数问题"。假设我们造出了这样一台印刷机，它可以一行接一行连续不断地印刷，并且能自动地为每一行选出不同的字母加符号组合。这台机器的压印滚筒由有许多独立的、带有字母或符号印章的碟盘组成，这些碟盘就像汽车里程表上的数字碟盘一样组装在一起，每当上一个碟盘转动一周，下一个碟盘就会转动一格，而纸张在辊轴带动下，自动地压在压印滚筒上，完成印刷。制造这样一台自动印刷机并不困难，它大概的样子如图 4 所示。

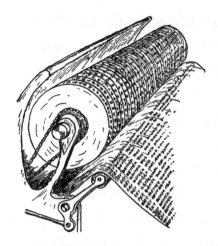

图 4　一台自动印刷机准确无误地打出了一行莎士比亚戏剧的台词

接下来，让我们启动这台机器，看一下它的印刷结果。每个印刷行的内容均不相同，并且有很多印刷行的内容根本就不成句子，比如："aaaaaaaaaa…"，或者"boobooboobooboo…"，再或者"zawkporpkossscilm…"。

但由于这台机器可以印刷出任何可能的字母和符号组合，我们也可以在这些文字垃圾中发现一些有用的句子，有许许多多像下面这样的废话："马儿有六条腿……"，或者"我喜欢吃用松脂煎的苹果……"。

但搜索一番，我们也会发现几行莎士比亚写的诗句，甚至包括那些他自己扔进废纸篓的诗句。

实际上，这样一台自动印刷机可以打印出人们学会写字以来所写出的任何句子：每一行散文或诗歌、报纸上的每一篇社论或广告、每一卷沉重的科学论文、每一封情书、每一封写给送奶工的信，等等。

此外，这台机器还能打印出未来几个世纪将会出现的所有文字。从压印滚筒下面出来的报纸上，我们可以看到30世纪的诗歌、未来的科学发现、美国第500届国会上的演讲，以及对2344年星际交通事故的记述；会有一页又一页的从来没有人写过的短篇或长篇小说出现；而拥有这种自动印刷机的出版商只需从大量的文字垃圾中挑选和编辑几段，就能得出一篇好文章——现在的出版商正在这么干。

既然如此，那为什么不能这样做呢？

好吧，让我们来数一数，如果这台机器把所有可能的字母和符号组合全都打印出来，那它印刷出来的行数是多少？

26个英文字母、10个数字（0，1，…，9）、14个常用符号（空格、句号、逗号、冒号、分号、问好、感叹号、破折号、连字符、引号、省略号、方括号、圆括号、大括号）：一共50个字符。我们假设压印滚筒由65个碟盘组成，与应印刷行上大小相等的65个方格一一对应，每个印刷行可以由这50个元素中的任何一个打头，也就是说第一个方格有50种可能；当指定了第一个方格中的元素后，第二个方格中的元素也有50种可能，至此，会出现的组合数已经达到了$50 \times 50 = 2\,500$个了；而当前两个方格的组合给定之后，第三个方格也有50种可能，依此类推，整个印刷行上的文字组合数为：

$$\overbrace{50 \times 50 \times 50 \times \cdots \times 50}^{65 次}$$

即 50^{65}，它等于 10^{110}。

为了更直观地认识这个庞大的数字，我们假设宇宙中每一个原子都代表一台单独的印刷机，这样我们就有 3×10^{74} 台印刷机同时运转。再作进一步的假设，所有印刷机从宇宙形成以来，就一直不停地运转，即 30 亿年或 10^{17} 秒，并且以原子振动的速率印刷，即每秒印刷 10^{15} 行。那么，到现在为止，它们应该已经印刷了 $3 \times 10^{74} \times 10^{17} \times 10^{15} = 3 \times 10^{106}$（行），这才仅是我们想要的那个数字的三千分之一而已。

没错，想要在这台印刷机打印出的海量材料中甄选出一些有实质性内容的文字，无疑要花费很长很长的时间。

2. 无穷大数如何计数

在上一节中，我们讨论了数字，其中有许多相当大的数字。尽管西萨·班·达依尔所要求的麦粒数量大到令人咋舌，但它仍然是有限的，只要给的时间足够多，一个人还是能够把最后一位给写出来的。

但的确有一些无穷大的数，它们比我们可以写出的任何数都要大，不管我们花多长时间都写不出来。比如，"所有数字的个数"显然是不确定的，"线段上的所有点"也是如此。关于这些数字，除了无穷大之外，还有什么要交代的吗？或者说，有没有可能，把两个无穷大的量作比较，看哪一个"更大"？

"所有数字的个数和线段上的所有点，孰大孰小？"问这样的问题有意义吗？这样的问题乍一听有些搞怪，但却是著名的数学家格奥尔格·康托尔（见图 5）深思熟虑后提出来的，他才是

"无穷算术学"真正的奠基人。

图5　非洲土著和康托尔教授都在比较一对他们数不出来的数字

如果我们非得谈论两个无穷数孰大孰小，那我们将面临一个问题，那就是我们不能把它们定义或书写出来，这和一个霍屯督人打开宝箱查看自己的水晶念珠和铜币哪一样多的处境如出一辙。但是，正如你们所知，霍屯督人数不到3以上。那么，霍屯督人会因为无法数出水晶念珠和铜币的数目而放弃比较吗？肯定不会。如果他足够聪明，他会把水晶念珠和铜币一一比较，从而得到他的答案。他会在一个水晶念珠旁边放上一枚铜币，在第二个水晶念珠旁边放上第二枚铜币，依此类推。如果他用光了所有的水晶念珠之后，还有铜币剩余，他就会知道他拥有的铜币比水晶念珠多；反之，用光了铜币还有水晶念珠剩余，那就是水晶念珠比铜币多；如果两样同时用完，那他就知道水晶念珠和铜币一样多。

康托尔提出了与此相同的方法，用于比较两个无穷数。假设我们可以把两个无限集合中的对象两两比对，其中一个无限集合里的每一个对象都可以与另一个无限集合里的对象比对，而且比对之后，两个无限集合均无剩余对象，那么就说这两个无穷数是相等的。但是，如果这种比对方法无法实现，或者其中一个无限集合有对象剩余，那我们就说这个无限集合所对应的无穷数比另一个更大，或者说更强。比较两个无穷数，这显然是最合理的方法，事实上也是唯一可行的方法，但当我们开始付诸实践的时候，一定要做好接受惊喜的准备。举个例子，所有偶数组成的无限集合与由所有奇数组成的无限集合，你当然会直觉地感到偶数和奇数一样多，因为这和上面的方法完全一致，这些数可以进行一对一的比对：

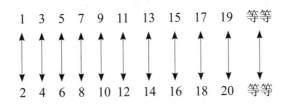

上面，每个奇数都有一个偶数与之对应，反之亦然，因此偶数的无穷数等于奇数的无穷数。这真是再简单和自然不过了！

但是，等一下。你认为包括偶数和奇数的所有整数的个数和偶数的个数哪个大？当然，你会说所有整数的个数更大，因为它囊括了所有的偶数和所有的奇数。但这只是你的印象，为了得到准确的答案，你必须运用上面的方法来比较这两个无穷数。比较之后，你会惊讶地发现你的印象是错误的。下面是所有数字一一对应的列表，上面一列是所有数字，下面一列只有偶数。

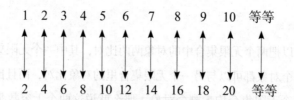

根据我们比较无穷数的规则，我们不得不承认偶数数列的无穷数和所有数字的无穷数一样大。当然，这句话听上去是矛盾的，因为偶数只是所有数字的一部分，但是有一点你要清楚，我们是站在无穷数的层面来作比较的，所以必须做好与不同特性"不期而遇"的思想准备。

实际上，在无穷数的世界里，部分可能与全体相等！阐述这个观点最好的例子是关于著名的德国数学家大卫·希尔伯特的一个故事。关于无穷数特有的矛盾特性，希尔伯特在讲座中这样讲道[①]：

"让我们想象一个房间数量有限的旅馆，假设所有的房间都有人住。一位新客人来了，想要开一个房间，旅馆老板说：'很抱歉，所有的房间都有人住了。'现在我们再想象一个有无数个房间的旅馆，所有的房间都有人住了，来了一位新客人，想要开一个房间。

"'当然可以！'旅馆老板高声回应，他让原来住进1号房间的人搬到2号房间，住进2号房间的人搬到3号房间，3号房间的人搬到4号房间，依此类推……在进行了一番调换之后，1号房间空了出来，新客人得以顺利入住。

"让我们想象一下，现在有一家无限多房间的酒店，所有的

---

① 引自《希尔伯特故事集（The Complete Collection of Hilbert Stories）》，虽然这本书广为流传，但却未见出版，也可能根本就没人写过这本书。

房间都住了人，而且又有无限多的新客人想要入住。

"'当然可以，先生们！'酒店说，'请稍等。'

"他把 1 号房间的住客安排到 2 号房间，把 2 号房间的住客安排到 4 号房间，把 3 号房间的住客安排到 6 号房间，……依此类推。

"现在所有的偶数房间都空了出来，无限多的新客人就可以安排入住了。"

即使在战时的华盛顿，希尔伯特所描述的情形也是很容易想见的，这个例子能使人明白的一点是：无穷数的一些特性与我们习以为常的普通算术的情况是截然不同的。

利用康托尔法则，我们现在可以证明全体分数（像 $\frac{3}{7}$ 或者 $\frac{375}{8}$）的个数与全体整数的个数是相等的。事实上，我们可以把所有的分数排成一行：先写出分子、分母之和为 2 的分数，很显然只有 $\frac{1}{1}$ 这一个；然后再写出分子、分母之和为 3 的所有分数：$\frac{2}{1}$ 和 $\frac{1}{2}$；再写出分子、分母和为 4 的分数：$\frac{3}{1}$、$\frac{2}{2}$、$\frac{1}{3}$，等等。如此写下去，我们将得到一个无穷的分数数列，凡是你能想到的分数全部包括在内。现在，我们再来写整数数列，你要把这两个数列做到一一对应，到这儿你就会发现它们的个数是一样多的。

"嗯，这很棒，"你可能会这样说，"但这是不是意味着所有的无穷数都是相等的呢？如果是这样的话，把它们作比较又有什么用呢？"

不，不是这样的，我们很容易就能找到一个比整数个数或分数个数更大的无穷数。

我们回头看一下本章开篇提出的那个问题：线段上所有点的数量与全体整数的数量哪个大？我们会发现这是两种不同类型的无穷数，线段上所有点的数量要比全体整数或全体分数的数量多得多。为了证明这个命题，我们试着建立一种线段上所有点和全体整数之间一一对应的关系。

线段上的每一个点都可以通过它与线段端点的距离来表示，这个距离可以写成无限小数的形式，比如 0.735 062 478 005 6…或者0.382 503 756 32…①，因此我们要比较的对象变成了全体整数的数量和全体无限小数的数量。那么问题来了，上面给出的无限小数与普通的算术分数$\left(像\dfrac{3}{7}或者\dfrac{8}{277}\right)$之间又有什么不同呢？

你一定还记得，数学课上老师讲过，每一个分数都可以写成一个无限循环小数，比如$\dfrac{2}{3} = 0.666\ 66\cdots = 0.\dot{6}\dot{6}$，$\dfrac{3}{7} = 0.428\ 571\cdots$ 428 571…428 571…4 … $= 0.\dot{4}28\ 57\dot{1}$。前面我们已经证明过，全体普通算术分数的个数等于全体整数的个数，因此全体无限循环小数的个数也等于全体整数的个数。但是线段上的点并不一定都可以用无限循环小数来表示，在更多的情况下，我们得到的无限小数并没有表现出任何周期性，而且也很容易判断出，在这种情况下是无法进行线性比对的。

---

① 我们假设线段的长度为1，所以这些无限小数都比1小。

假设有人说自己了以下的对比排列，它看起来是这样的：

事实上，无限小数是无法完全写出来的，从上面的对比我们可以看出制表人所采用的比对方法（这和我们列出分数数列的方法有些类似）可以保证每一个无限小数都被列出。

要证明这个方法是错误的一点也不困难，因为我们随时可以写出一个不包含在这个无限列表中的无限小数。那我们具体该怎么做呢？很简单，只需要写出一个无限小数，其十分位上的数字与表中第一号小数的第一小数位不同，其百分位上的数字与表中第二号小数的第二小数位不同，依此类推。那么，你写出来的数字是这个样子的：

非 3	非 7	非 3	非 6	非 5	非 6	非 3	非 5	等等
0.5	2	7	4	0	7	1	2	

不管顺着那个列表往下找多久，你永远都找不到这个无限小数。事实上，如果制表人对你说，你写的这个小数处在表中的第 137 行（或者其他行），那么你就可以斩钉截铁地回答："不可能，那不是同一个小数，因为我写的这个小数的第 137 位与表中第 137 行的小数不一样。"

因此，我们不可能在线段上的点与整数之间建立起一一对应的关系，这就意味着线段上所有点的数量对应的无穷数要比全体整数的数量对应的无穷数更大，或者说更强。

我们一直在讨论"长度为单位 1"的线段上的点，根据我们的"无穷算数学"的法则，很容易证明任意长度的线段也是一样。实际上，无论线段长度是 1 英寸、1 英尺还是 1 英里，上面点的数量都是相同的。为了证明这一点，请参见图 6，它比较了两条长度不同的线段 AB 和 AC 上点的个数。为了找到这两条线段上点之间的对应关系，我们从 AB 上的每一点出发画出一条平行于 BC 的线，并将这条线与 AC 的交点与 AB 上的点配对，比如 D 和 D′、E 和 E′、F 和 F′ 等。AB 上的每个点在 AC 上都有一个点与之对应，反之亦然。因此，根据我们的比对法则，两条线段上的点数相等。

利用这种无穷大的分析方法可以得到一个更让人震惊的结论，即平面上点的数量等于直线上点的数量。为了验证这个结论的正确性，我们分析一下长度为 1 英寸的线段 *AB* 上的点，以及边长为 1 英寸的正方形 *CDEF* 内的点（见图 7）。

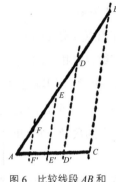

图 6　比较线段 *AB* 和
　　　AC 上点的个数

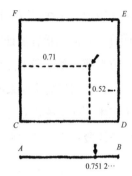

图 7　比较线段 *AB* 和正方形 *CDEF*
　　　上点的个数

线段 *AB* 上的任一点都可用一个确切的小数表示出来，以 0.751 203 86… 这个点为例，我们可以把它拆分成两个不同的小数，分别将其小数点后的奇数位和偶数位上的数字组合在一起，可以得到

$$0.710\ 8\cdots$$

还有

$$0.523\ 6\cdots$$

在正方形 *CDEF* 上找到纵、横坐标分别为上面两个小数的点，这个点就是线段 *AB* 上那个点的对应点。反之，如果正方形 *CDEF* 上某个点的位置可以用小数 0.483 5… 和 0.990 7… 来描述，我们也可以将两数合并，得到这个点在线段 *AB* 上的对应点：

$$0.498\ 930\ 57\cdots$$

显然，这个过程在两个点集之间建立起了一种一一对应的关系，线段 *AB* 上的每一点在正方形 *CDEF* 上都有对应点，正方形

CDEF 上的每一点在线段 *AB* 上也都有对应点，并且两个点集都不会有多余的点。因此，根据康托尔法则，正方形 *CDEF* 上点数对应的无穷数等于线段 *AB* 上点数对应的无穷数。

同样，我们也很容易证明一个立方体内点数对应的无穷数与一个正方形或一条线段上点数对应的无穷数也是相等的。为了证明这一点，我们只需将原来的小数分解成3个[①]，用得到的3个小数作为三维坐标来确定立方体内对应点的位置。而且，和长度不同的两条线段一样，正方形上或立方体内点的数量与它们的尺寸无关。

但是，所有几何点的个数，虽然比所有整数和小数的个数要大，但在数学家看来，却不是最大的。事实上，人们还发现，各种各样的曲线，包括那些形状最不规则的曲线，其包含点的个数要比所有几何点的个数更大，因此必须用无穷数里的第三个数来描述（见图8）。

格奥尔格·康托尔在《无穷算术》一书中写道，无穷数可以用右边带有数字下标的希伯来字母 $\aleph$（读作"阿莱夫"）表示，下标数字表示无穷数的等级。那么包括无穷大在内的量数数列就可以写成：

1，2，3，4，5…，$\aleph_1$，$\aleph_2$，…

我们可以说"线段上有 $\aleph_1$ 个点"，或者"一共有 $\aleph_2$ 条曲线"，就像我们说"世界上有七大洲"或者"一副牌有 52 张"一样。

---

① 以 0.735 106 822 548 312… 为例，我们可以将其拆分为 0. 718 53…、0.302 41…、0.562 82…。

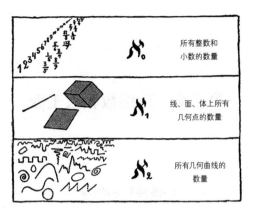

图8 无穷数中的前三个

最后，对我们所讨论的无穷数作一下总结，你想当然地认为这些数字可以应用到某些集合，可事实上它们却大得超乎你的想象。我们知道 $\aleph_0$ 表示所有整数和小数的数量，$\aleph_1$ 表示所有几何点的数量，$\aleph_2$ 表示所有几何曲线的数量，但却没有人能想象任何一个能被 $\aleph_3$ 所表示的集合。好像只用无穷数中的前三个就足以计量任何我们所能想到的东西了，这和虽有很多儿子却不能数超过 3 的霍屯督人的处境正好相反！

第二章 自然数和人工数

1.最纯粹的数学

数学通常被认为是所有自然科学的女王，尤其是在数学家的心目中，作为一个女王，它自然要避免与其他学科发生"贵贱联姻"的情况。譬如，为了消除数学家两大流派之间的敌意，大卫·希尔伯特被要求在"基础数学与应用数学联合大会"开幕式上致辞，他用下面这种方式开场：

我们经常被告知，基础数学与应用数学势不两立，这种说辞并不正确，基础数学和应用数学不是敌对的双方，基础数学和应用数学从来都没有对立过，将来也不会相互对立。基础数学和应用数学不可能是敌对的，因为，事实上，它们之间没有任何共通之处。

但是，尽管数学本身是青睐纯理论的，想要与其他科学，尤其是物理，保持一定的距离，但数学也尽可能与它们"友好相处"。而现在，每一个基础数学的分支几乎都被用来解释物理宇宙的这个或那个特征，其中包括抽象群理论、不可交换代数，以及非欧几里得几何学等学科，这些都是一直被认为最偏向于基础理论且没有任何用途的学科。

然而，有一个庞大的数学系统，到目前为止，除了用来刺激大脑皮层之外，毫无用处可言，因此它可以戴上象征荣耀的"纯粹皇冠"。它就是所谓的"数论"（基础数学中研究整数的分支），它是最古老、最复杂的数学基础理论之一。

奇怪的是，数论作为一门最纯粹的数学学科，从某种角度来说，可以被称为一种经验科学，甚至是实验科学。事实上，它的大多数命题都是在数字方面作不同的探索，就像物理定律对实物对象进行各种探索之后得到结果一样。正如物理学中，有些命题通过"纯数学"的方法被证明，而另一些命题则还是纯经验主义的，它们仍在挑战着世界上最优秀的数学家们的大脑。

比如关于质数的问题，质数就是指除了 1 和其本身之外不再有其他因数的自然数。1、2、3、5、7、11、13、17 等都是质数，而 12 就不是，因为它可以写成 $2 \times 2 \times 3$。

质数的个数是无限的吗？还是说存在一个最大质数，凡是比这个质数大的数都可以用若干个已知质数的乘积来表示？这个问题最早由欧几里得自己提出，并且给出了一个简单而优雅的证明，即质数的个数是无限的，所以不存在"最大质数"这个东西。

为了验证这个观点，我们暂时假设质数的个数有限，用字母 N 表示最大的质数。现在我们求全体质数的乘积，然后再加上 1，即

$$(1 \times 2 \times 3 \times 5 \times 7 \times 11 \times 13 \times \cdots \times N) + 1$$

当然，这个数远远大于假设出来的"最大质数" N。但是，很明了的是，这个数不能分解成若干个已知质数（包括 N 在内）的乘积，因为从它的构造我们可以看出，把所有质数除完之后，

还有余数 1。因此，这个数要么是个质数，要么可以被一个大于 N 的质数整除，这两种情况都与我们最初的假设（N 是最大的质数）矛盾。这种证明方法叫作反证法，是数学家最喜欢的证明方法之一。

　　一旦我们知道质数是无限的，我们就会发问，是否有一种简单的方法，可以依次把质数列出来，而不遗漏其中任何一个？解决这个问题的方法最早由古希腊哲学家和数学家埃拉托色尼提出，这就是现在广为人知的"质数筛法"。你需要先把完整的自然数序列写出来，如 1、2、3、4，等等，然后删除所有 2 的倍数，再删除所有 3 的倍数、5 的倍数，等等。埃拉托色尼对前 100 个自然数的筛选情况如图 9 所示。

图 9　埃拉托色尼筛选前 100 个自然数

　　图 9 中一共有 26 个质数。利用上述简单的筛选方法，我们

可以制出大到 10 亿的质数表。

如果有一个公式，能够快速、自动地筛选出所有质数，那问题就简单多了。但是，几个世纪以来人们进行了各种各样的尝试，至今没有找到这样的公式。1640 年，著名的法国数学家费马认为自己找到了一个只挑选质数的公式：

$$2^{2^n}+1$$

其中 $n=1$，2，3，4…。

利用这个公式我们可以得到：

$$2^{2^1}+1=5$$

$$2^{2^2}+1=17$$

$$2^{2^3}+1=257$$

$$2^{2^4}+1=65\,537$$

实际上，由这个公式得到的都是质数。但大约在费马宣布这个消息一个世纪之后，德国数学家欧拉证明，费马公式中 n 为 5，即 $2^{2^5}+1$ 的结果 4 294 967 297 不是质数，而是 6 700 417 和 641 的乘积。因此，费马计算质数的经验性公式被证明是错误的。

另一个可以生成很多质数的公式是

$$n^2-n+41$$

其中 n 还是表示 1，2，3…。已经证明，在 n 为 1~40 的任一整数的情况下，利用上述公式只能得到质数，但不巧的是，当 $n=41$ 的时候，这个公式错得很彻底。

实际上，

$$(41)^2-41+41=41^2=41\times41$$

这是一个完全平方数，不是一个质数。

还有一个不成立的公式：

$$n^2 - 79n + 1\ 601$$

只有在 n 不大于 79 的情况下才可以由这个公式得到质数。因此，如何找到一个只得到质数的通用公式仍然是个未解之题。

数论上还有一个有趣的理论，至今既没有被证实也没有被证伪，那就是提出于 1742 年的哥德巴赫猜想，它指出每个偶数都可以用两个质数的和来表示。举几个简单的例子，你很容易发现它是正确的，比如：$12 = 7 + 5$，$24 = 17 + 7$，$32 = 29 + 3$。但是，尽管做了大量的工作，数学家们至今没有给出这一说法确凿无误的结论性证明，也没有找到一个可以推翻它的例子。早在 1931 年，一位俄罗斯数学家辛尼勒曼（Schnirelman）就向理想的证明迈出了建设性的第一步，他证明出每个偶数都是不超过 30 万个质数的和。再后来，辛尼勒曼的"30 万个质数之和"和理想的"两个质数之和"的差距又被另一位俄罗斯数学家维诺格拉多夫（Vinogradoff）大大地缩小了，他证明了偶数是"4 个质数之和"。但是，从维诺格拉多夫的"4 个质数"到哥德巴赫的"两个质数"这最后两步似乎是最艰难的，没有人知道证明或证伪这个复杂的命题还需要几年或者是几个世纪的时间。

所以，我们距离推导出一个能够自动算出任意大质数的公式还有很长一段路要走，甚至我们连这样的公式到底存不存在都不能确定。

现在我们可以问一个更简单的问题——是否能够算出一个数值区间内质数的占比，在取值越来越大的情况下，这个占比是否会趋近一个常数？答案如果是否定的话，那它是增大还是减小？我们可以依靠经验，计算表 1 中各个区间内的质数数量，我们发现小于 100（10^2）的质数有 26 个，小于 10 000（10^4）的质数有 168 个，小于 100 万（10^6）的质数有 78 498 个，小于 10 亿（10^9）的质数有 50 847 478 个。用这些数字除以相应的数值区间，得到质数占比如表 1 所示。

表 1

数值范围（1~N）	质数数量	比率	$\dfrac{1}{\ln N}$	偏差 / %
1~100	26	0.260	0.217	20
1~1 000	168	0.168	0.145	16
1~106	78 498	0.078 498	0.072 382	8
1~109	50 847 478	0.050 847 478	0.048 254 942	5

从表 1 首先可以看出，随着数值范围的扩大，质数的数量相对减少，但是并不存在质数的终止点。

有没有一个简单方法可以用数学形式表示这种质数占比随范围的扩大而减小的现象呢？答案是有的，并且这个有关质数平均分布的规律已经成为数学上最值得称道的发现之一。这条规律很简单，就是：从 i 到任何自然数 N 之间所含质数的百分比，近似由 N 的自然对数 ① 的倒数所表示。N 越大，这个规律就越精确。

从表 1 的第 4 列，可以看到 N 的自然对数的倒数。把它们和第 3 列对比一下，就会看出两者是很相近的，并且 N 越大，它们就越相近。

有许多数论上的定理，开始时都是凭经验作为假设提出，而在很长一段时间内得不到严格证明的。上面这个质数定理也是如此。直到 19 世纪末，法国数学家阿达马和比利时数学家布散才

———————————

① 简单地说，一个数的自然对数近似等于它的常用对数乘以 2.3026。

终于证明了它。由于证明的方法太烦琐，这里就不介绍了。

既然谈到整数，就不能不提一提著名的费马大定理，尽管这个定理和质数没有必然的联系。要研究这个问题，先要回溯到古埃及。古埃及的每一个好木匠都知道，一个边长之比为 3∶4∶5 的三角形中，必定有一个角是直角。现在有人把这样的三角形叫作埃及三角形。古埃及的木匠就是用它作为三角尺的[①]。

公元 3 世纪，亚历山大里亚城的丢番图（Diophante）开始考虑这样一个问题：从两个整数的平方和等于另一整数的平方这一点来说，具有这种性质的是否只有 3 和 4 这两个整数？他证明了还有其他具有同样性质的整数（实际上有无穷多组），并给出了求这些数的一些规则。这类三个边都是整数的直角三角形称为毕达哥拉斯三角形。简单来说，求这种三角形的三边就是解方程

$$x^2 + y^2 = z^2$$

式中，z，y，z 必须是整数[②]。

1621 年，费马在巴黎买了一本丢番图所著《算术学》的法

---

① 在初等几何课本中，用毕达哥拉斯定理证明了 $3^2 + 4^2 = 5^2$。

② 丢番图的规则是这样的：找两个数 a 和 b，使 $2ab$ 为完全平方。这时

$$x = a + \sqrt{2ab}，\ y = b + \sqrt{2ab}，\ z = a + b + \sqrt{2ab}$$

用代数方法很容易证明，这时

$$x^2 + y^2 = z^2$$

用这个方法，我们可以列出所有可能性。最前面的几个例子是：

$$3^2 + 4^2 = 5^2（埃及三角形），$$

$$5^2 + 12^2 = 13^2，\quad 6^2 + 8^2 = 10^2，$$

$$7^2 + 24^2 = 25^2，\quad 8^2 + 15^2 = 17^2，$$

$$9^2 + 12^2 = 15^2，\quad 9^2 + 40^2 = 41^2，$$

$$10^2 + 24^2 = 26^2。$$

文译本，里面提到了毕达哥拉斯三角形。当费马读这本书的时候，他在书上空白处作了一些简短的笔记，并且指出：

$$x^2 + y^2 = z^2$$

有无穷多组整数解，而形如

$$x^n + y^n = z^n$$

的方程，当 n 大于 2 时，永远没有整数解。

他后来说："我当时想出了一个绝妙的证明方法，但是书上的空白太窄了，写不完。"

费马死后，人们在他的图书室里找到了丢番图的那本书，里面的笔记也公之于世了，那是在 3 个世纪以前。从那个时候起，各国最优秀的数学家们都尝试重新做出费马写笔记时所想到的证明，但至今都没有成功。当然，在这方面已有了相当大的发展，一门全新的数学分支——"理想数论"——在这个过程中被创建起来了。欧拉证明了方程 $x^3 + y^3 = z^3$ 和 $x^4 + y^4 = z^4$ 不可能有整数解。狄利克雷（Peter Gustav Lejeune Dirichlet）证明了方程 $x^5 + y^5 = z^5$ 也是这样。依靠其他一些数学家的共同努力，现在已经证明，在 n 小于 269 的情况下，费马的这个方程都没有整数解。不过，对指数 n 在任何值下都成立的普遍证明却一直没能做出。人们越来越倾向于认为，费马不是根本没有进行证明，就是在证明过程中有什么地方搞错了。为征求这个问题的解答，有人曾经悬赏过10 万马克。那时，研究这个问题的人真是不少，不过，这些拜金的业余数学家都一事无成。这个定理仍然有可能是错误的，只要能找到一个实例，证实两个整数的某一次幂的和等于另一个整数的同一次幂就行了。不过，这个幂次一定要在比 269 大的数目中去找，这可不是一件容易事啊。

2. 神秘的 $\sqrt{-1}$

现在，我们来研究一下高级数学。二二得四，三三得九，四四十六，五五二十五，所以，2 是 4 的算术平方根，3 是 9 的算术平方根，4 是 16 的算术平方根，5 是 25 的算术平方根[①]。

不过，负数的平方根是怎样的呢？$\sqrt{-5}$ 和 $\sqrt{-1}$ 之类的表达式的意义在哪里呢？

假如从有理数的角度来设想这样的数，你必然会得出结论，证明这样的表达式没有什么意义，12 世纪的一位数学家拜斯伽罗的一句话可以用来作引用：正数的平方是正数，负数的平方还是正数。所以，一个正数的平方根是双重的：一个正数和一个负数。因为负数不是平方数，所以负数没有平方根。

但是数学家的脾气非常倔强。要是在数学公式里不断出现一些看起来没有意义的东西，他们就会竭尽全力创造出一些意义来。很多地方都出现过负数的平方根，它既在古老和简单的算术问题中出现过，也在 20 世纪相对论的时空结合问题中露过面。

16 世纪的意大利数学家卡尔丹是第一个把负数的平方根这

_____

① 还有其他许多数的算术平方根也很容易得出，如

$$\sqrt{5} = 2.236\cdots$$

因为

$$(2.236\cdots) \times (2.236\cdots) = 5.000\cdots$$

以及

$$\sqrt{7.3} = 2.702\cdots$$

因为

$$(2.702\cdots) \times (2.702\cdots) = 7.300\,0\cdots$$

个"显然"没有意义的东西写进公式中的勇士。在针对能否把10分为两部分，让两者的乘积为40时，他指出，虽然这一问题还没有出现答案，但是也可以满足要求，只要把答案写成 $5+\sqrt{-15}$ 和 $5-\sqrt{-15}$ 这样两个奇怪的表达式即可 [1]。

无论如何，卡尔丹还是把它们写出来了，虽然他认为这两个表达式没有意义，而且是虚构和想象的。

虽然这有点痴人说梦，但还是有人敢把负数的平方根写出来，而且把将10分为两个乘起来等于40的部分的问题解决了。既然卡尔丹做了第一个吃螃蟹的人，给负数的平方根起了个大号叫作"虚数"，这样科学家们也就越来越多地使用它了，尽管要做出很多保留，而且要指出各种理由。虚数在著名瑞士科学家欧拉于1770年发表的代数著作中被频繁使用。但是，他把这种数又加上了这样一个评论——因为它们所表示的是负数的平方根，所以一切形如 $\sqrt{-1}$、$\sqrt{-2}$ 的数都是不可能有的和想象的。这类数纯属虚幻，对于它们来说，我们可以下的结论就是，它们既非一无是处，又不比一无是处多点什么，更不比一无是处少点什么。

虚数依然快速成为分数的根式中无法避免的东西，即使有这些非难和遁词，要是没有它们，有些问题根本就是无法解决了。

可以这样说，实数在镜子里的幻象组成了虚数。此外，我们

---

[1] 验证如下：

$$(5+\sqrt{-15})+(5-\sqrt{-15})=5+5=10$$
$$(5+\sqrt{-15})\times(5-\sqrt{-15})$$
$$=(5\times5)+5\sqrt{-15}-5\sqrt{-15}-(\sqrt{-15}\times\sqrt{-15})$$
$$=25-(-15)=25+15=40$$

可以把 $\sqrt{-1}$ 作为虚数的基数（常写作 1）来得到所有的虚数，就像我们从基数 1 可以得到所有实数一样。$\sqrt{-1}$ 通常写作 i。

很容易看出，$\sqrt{-9} = \sqrt{9} \times \sqrt{-1} = 3i$，$\sqrt{-7} = \sqrt{7} \times \sqrt{-1} = 2.646\cdots \times i$，等等。如此一来，每一个实数都有自己的虚数搭档。而且，实数和虚数也可以结合起来，成为单独的表达式，例如 $5+ \sqrt{-15} = 5+ \sqrt{15}\, i$。卡尔丹发明了这种表示方法，而这种混成的表示一般被称为复数。

虚数闯入数学的领域之后一直戴着一张神秘和不可思议的面具，持续了足足有两个世纪。这个面具直到两个业余数学家对虚数作出了简单的几何解释之后才被揭开。他们是策划员威塞尔（挪威人，会计师）和阿尔刚（法国巴黎人）。

他们的解释是这样的，像 $3+4i$ 这样的复数，如图 10 表示出来的那样，水平方向的坐标是 3，垂直方向的坐标是 4。

对应于横轴上的点的是所有的实数（正数和负数），对应于纵轴上的点的是纯虚数。当我们想要得到位于纵轴上的纯虚数 $3i$ 时，我们可以把位于横轴上的实数 3 乘以虚数单位 i。所以，从几何上来说，一个数乘以 i，相当于逆时针旋转 $90°$。要是把 $3i$ 再乘以 i，需要再逆转 $90°$，如此一来又回到了横轴上，但是却在负数那一边了。因为

$$3i \times i = 3i^2 = -33$$

或

$$i^2 = -1$$

"i 的平方等于 1" 这个说法，比 "两次旋转 $90°$ 便变成反向" 更容易理解。

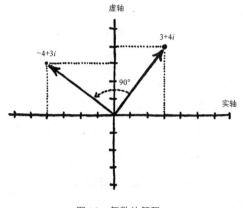

图 10　复数的解释

复数同样可以用于这个规则。把 $3+4i$ 乘以 i，得到

$$(3+4i)\,i=3i+4i^2=3i-4=-4+3i$$

从图 10 能马上看出，$-4+3i$ 正好相当于 $3+4i$ 这个点绕原点逆时针旋转了 90°。同样的道理，一个数乘上 $-i$ 就是它绕原点顺时针旋转 90°。这一点从图 10 也能看出。

要是你此时还认为虚数戴着一张神秘的面具，下面我们来看一个简单的、含有虚数的实际应用的题目以揭开这个面具吧。

过去，一张羊皮纸被一个很有冒险精神的年轻人在他曾祖父的遗物中发现了，纸上指出了一个宝藏，上面这样写道：

乘船至北纬_____、西经_____ [①]，一座荒岛就会出现在眼前。一大片草地在岛的北岸，其中有一株橡树和一株松树 [②]。还

---

① 为了不泄密起见，文件上的实际经纬度已予删去。

② 出于同样的理由，树的种类在这里也改变了，在位于热带地区的宝岛上，显然会有好多种树。

有一座我们过去用来吊死叛变者的绞架。记住从绞架走到橡树用了多少步；到了橡树往右转个直角再走相同的步数，原地打桩。接着回到绞架处，向松树走去，把走的步数记在心里，到了松树往左转个直角继续走相同的步数，在这个地方也打个桩。想要找到宝藏，就要在两个桩的正中间挖掘。

由于这条指示清楚、明白，这个年轻人租了一条开往目的地的船。虽然他找到了这座岛，也找到了橡树和松树，但让他倍感失望的是找不到绞架了。绞架经过长期的风吹日晒雨淋，已经一片糟烂，丝毫看不出痕迹了。

绝望的情绪笼罩在这位年轻的冒险家身上，他狂乱地在地上乱掘起来。然而，一切都只是枉然，因为地方太大了。他一无所获，只能启帆踏上归程。所以，那些宝藏也许还埋在岛上呢！

这是一个让人心痛的故事，但是，让人更加心痛的是：这个小伙子要是懂得一些数学知识，尤其是关于虚数的知识，他应该是能够找到这个宝藏的。此刻我们来帮他找找看，虽然已经太晚，没什么必要了。

我们把这个岛看作一个复数平面。隔两棵树画一轴线，实轴过两树中点，与实轴垂直作虚轴（图 11），长度单位以两树距离的一半儿来计算。如此一来，橡树在实轴上的 −1 点上，松树则在实轴上的 +1 点上。我们不知道绞架在哪里，可以用大写的希腊字母 Γ 作为它的假定位置，因为这个字母很像个绞架。由于这个位置也许不在两根轴上，所以 Γ 应该是个复数。也就是

$$\Gamma = a + bi$$

现在来做一些小算术，我们之前讲过的虚数的乘法也别忘了。因为绞架在 Γ 点上，橡树在 −1 点上，两者的距离和位置

图 11　用虚数来帮我们找宝藏

就是

$$-1-\Gamma=-(1+\Gamma)$$

一样的道理，绞架与松树相距 $1-\Gamma$。把这两段距离一个顺时针旋转 90°，一个逆时针旋转 90°，按照上面的规则将两个距离各乘以 $-i$ 和 i。如此两根桩的位置便得出来了：

第一根：$(-i)[-(1+\Gamma)]+1=i(\Gamma+1)+1$

第二根：$(+i)(1-\Gamma)-1=i(1-\Gamma)-1$

两根桩的正中间有宝藏，所以，我们要算出上面两个复数总和的一半，也就是

$$\frac{1}{2}[i(\Gamma+1)+1+i(1-\Gamma)-1]$$

$$= \frac{1}{2} \left[i\Gamma + i + 1 + i - i\Gamma - 1 \right] = \frac{1}{2} \left(2i \right) = i$$

目前可以看出，Γ 所表示的绞架的位置已经消失在运算过程中了。无论这绞架在哪里，宝藏都在 $+i$ 这一点上。

你看，我们这位年轻的探险家假如能作那么一点数学运算，他只需在图 11 中打"×"处挖一挖，就可以得到宝藏了，而不用在整个岛上挖来挖去。

假如你还是觉得不可能找到宝藏，也根本不知道绞架的位置，你可以拿出一张纸，在上面把两棵树的位置画上，然后在其他地方设想一下绞架的位置，接着就照着羊皮纸文件上的方法去做。你肯定每次都会得到复数平面中 $+i$ 那个位置，不管你做多少次。

人们依靠 −1 的平方根这个虚数另外找到了一个宝藏，那就是普通的三维空间可以和时间结合，遵从四维几何学规律的四维空间继而形成了。我们将在下一章介绍爱因斯坦的思想和他的相对论，到时候我们再探讨这个发现。

第二部分
时间、空间与爱因斯坦

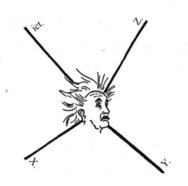

第三章　空间的特殊性质

1. 维度与坐标

我们都明白空间是什么意思，但如果非要说出这个词的确切含义，又说不出它到底是个什么意思。你也许会这么说：包容一切，可以让万物在其中上下、前后、左右运动的就是空间。我们所处的物理空间之最基本的性质之一，是由 3 个互相垂直的独立方向所构成的。这个空间是三维的，也就是有 3 个方向，可以用这 3 个方向确定空间里的任一位置。假如我们去了一座陌生的城市，想找一家有名的办事处，旅店服务员就会和你说往南走过五个街区，接着向右拐，再经过两个街区，然后再上到第七层楼，这 3 个数就可以看作坐标。在这个例子中，大街、楼的层数和出发点（旅店前厅）的关系由坐标来确定。只要采用一套能准确表示新出发点和目标点之间关系的坐标，就能从其他别的地方来判断相同的目标点的方位，这一点是显而易见的。此外，还可以通过简单的数学计算，用老坐标表示新坐标，前提是要知道新、老坐标系统的相对位置，我们称这一过程为"坐标变换"。还要补充一点，在有些情况下，用角度当坐标会方便很多，3 个坐标不一定非得是表示距离的数。

比如，在纽约，通常用街道和马路来表示位置，这称为直角坐标；而莫斯科是围绕克里姆林宫建立起来的城市，所以需要用极坐标来表示位置。若干街道从城市中心辐射出来，环城还有多条同心的干路。假如某座房子坐落在克里姆林宫东北方向第二十条马路上，肯定能很方便地查找到这座房子。

几种用 3 个坐标表示空间中某一点位置的方法如图 12 所示，其中一些坐标是距离，一些坐标是角度。因为我们所研究的是三维空间，所以不管是什么系统，都需要 3 个数。

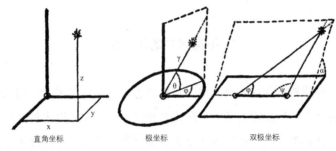

图 12　用三个坐标表示空间中某一点位置的不同方法

对我们这些具备三维空间概念的人而言，设想比三维空间的维数多的多维空间是困难的，而设想比三维空间的维数少的低维空间却相对容易，二维空间可以是一个平面、一个球面或者其他什么面。只用两个数就可以表示面上的任意一点。同样的道理，只要用一个数就可以表示线上各点的位置，因为线（直线或曲线）是一维的。我们同样也可以说，在一个点上没有两个不同的位置，因为点是零维的。但再想想，有谁会对点感兴趣呢？

由于我们能"从外面"观察它们，所以作为一种三维的生物，我们认为很容易理解线和面的几何性质。不过，因为我们是这个空间的一部分，所以理解三维空间的几何性质就有点难度了。这就是为什么我们非常轻易就理解了曲线和曲面的概念，但是会在听到有弯曲的三维空间时惊讶不已。

不过，只要利用一些实践去了解"曲率"这个词的准确含义，你会发觉弯曲的三维空间这个概念实际上是非常简单的。此外，我们希望在下一章完结之前，你可以轻松讨论一个貌似非常可怕的概念，即弯曲的四维空间。

但是，我们先来做几节关于一维曲线、二维曲面和普通三维空间的脑力操，然后再讨论弯曲的三维空间。

2. 不量尺寸的几何学

在学校，你应该对几何学比较熟悉，它是一门关于空间量度的科学[①]，在你的记忆中，它的主要内容是一大堆讲述长度和角度等数值关系的各种定理（比如，讲直角三角形三边长度关系的毕达哥拉斯定理）。但是，长度和角度并不是空间的基本性质之一。几何学中关于这一内容的分支称为拓扑学[②]。

我们用一个典型的例子来解释一下拓扑学。想象一个球面，它作为一个封闭的几何面，可以用一些线把它分成很多区域。我们不妨这么操作：在球面上随意选择一些点，用不相连的线将它们连接起来。这样一来，连线的数目、这些点的数目和区域的数

---

① "几何学"这个名词出自两个希腊文 ge（地球或地面）和 metrein（测量）。很明显，在构造这个词的时候，古希腊人对这门科学的兴趣是同他们的实际房产联系在一起的。
② 这个名词在拉丁文和希腊文中的意思都是定位研究。

目之间的关系是怎样的呢？

特别显而易见的一点：要是将这个圆球挤压成像南瓜一样的扁球，或者拉成像黄瓜一样的长条，这样一来，点、线、面的数目和圆球时的数目明显还是一样的。实际上，就像随便拉挤压扭一个气球时所能获得的那些曲面（不过不要把气球弄破）一样，我们能够得到任意形状的闭曲面。在这种情况下，丝毫的改变都不会出现在上面问题的提法和结论中。但是在一般几何学中，要是把一个正方体变成平行六面体，或者把一个球体压成饼状，各种数值（例如线的长度、面积、体积等）就会发生很大变化。两种几何学的不同之处就在于此。

现在，我们把这个划分好的球面的每一区域展开，如此一来，球体就变成了多面体（图13），相近区域的界限变为棱，之前挑选的点变为顶点。

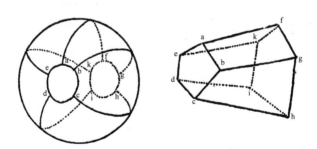

图13 一个划分成若干区域的球面变成一个多面体

如此一来，我们之前那个问题就变为（实质上丝毫没有改变）：一个任意形状的多面体的面、棱与顶点的数目之间的关系是怎样的呢？

图14所示为5种正多面体（也就是每个面都有同样多的棱

和顶点）和一个随便画出的不规则多面体。

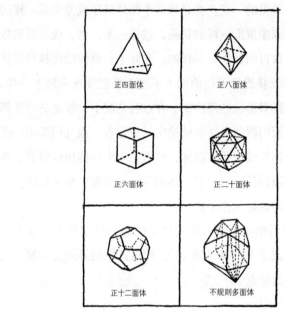

正四面体 　　　　　正八面体

正六面体 　　　　　正二十面体

正十二面体 　　　　不规则多面体

图 14 　5 种正多面体（有且仅有 5 种）和一个不规则多面体

我们来数一下每一种多面体几何所拥有的顶点数、棱数和面数，看看它们各自有着怎么样的关系。

数完之后，我们得到表 2。

表 2 　各种多面体的顶点数、棱数和面数

多面体名称	顶点数 V	棱数 E	面数 F	$V+F$	$E+2$
正四面体	4	6	4	8	8
正六面体	8	12	6	14	14
正八面体	6	12	8	14	14
正二十面体	12	30	20	32	32
正十二面体	20	30	12	32	32
"古怪体"	21	45	26	47	47

前三行的数据，乍一看貌似没有太大联系。不过认真观察就会发现，顶点数和面数加起来永远比棱数大2。所以，我们由此写出这样一个关系式：

$$V+F=E+2$$

这关系式是适用于图 14 中这几个特殊的多面体呢，还是适用于所有的多面体呢？你可以再画几个其他形状的多面体，数一下它们的顶点数、棱数和面数。你就会发现，结果依然是一样的。由此可以看出，$V+F=E+2$ 是在拓扑学里被广泛应用的一个数学定理，因为这个关系式只涉及几个几何学单位（顶点、棱、面）的数目，并不涉及棱的长短或面的大小等量度。

17 世纪法国的大数学家笛卡儿最开始注意到这个关系，另一位数学大师欧拉对其给出了严格证明。这一定理现在被称为欧拉定理。

下面引用一下古朗特和罗宾斯的著作《数学是什么？》[①] 中欧拉定理的证明过程。我们不妨看看，这一类型的定理是怎样证明的。

我们可以把给定的简单多面体设想成用橡皮薄膜做成的中空体 [图 15（a）]，这样做的目的是证明欧拉公式。假如我们削去它的一个面，接着让它变形，把它摊成一个平面 [图 15（b）]。的确，如此一来，面和棱间的角度都会变化。但是，这个平面网络的顶点数和边数都与之前的多面体一样，原来多面体的面比多边形的面多了一个。接下来我们准备证明，对于这个平面网络有

---

① 对本书中所举的拓扑学基本范例有兴趣的读者，可在《数学是什么？》（*What is Mathematics*？）一书中找到详尽的叙述。

$V - E + F = 1$。如此，再加上那个被削去的面，结果就成了：对于原多面体，$V - E + F = 2$。

我们把这个平面网络"三角形化"，也就是为网络中不是三角形的多边形加上对角线。如此一来，E 和 F 均会增大，但 $V - E + F$ 仍然保持不变，因为每加一条对角线，E 和 F 都增加 1。如此添加下去，最终全部的多边形都会变为三角形［图 15 (c)］。因为添加对角线并不会改变这个数值，在这个三角形化的网络中，$V - E + F$ 依然和三角形化之前的数值一样。

网络边缘也有一些三角形，其中有一些（如 △ABC）仅有一条边位于边缘，有的也许有两条边位于边缘。我们拿掉这些边缘三角形上不与其他三角形共有的部分［图 15 (d)］，即从 △ABC 上拿掉边 AC 和这个三角形的面，只留下顶点 A、B、C 和两条边 AB、BC；从 △DEF 上拿掉这个三角形的面、两条边 DF、FE 和顶点 F。

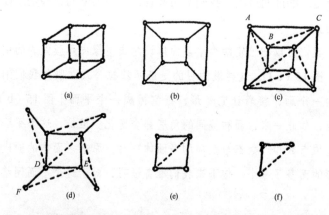

图 15 欧拉定理的证明（图中所示的是正方体的情况，但所得到的结果对任意多面体来说都是成立的）

在拿掉△ABC的边和面之后，E和F各减小1，但V不变，所以V−E+F不变。在拿掉△DEF的点、边和面之后，V减小1，E减小2，F减小1，所以V−E+F依然不变。以合适的方式渐渐减少这些边缘三角形，到最后只剩下一个三角形。一个三角形有三条边、三个顶点和一个面。对于这个简单的网络V−E+F=3−3+1=1。我们已经知道，V−E+F的值并不会随着三角形的减少而发生变化，因此，在开始的那个网络中，V−E+F也应该等于1。不过，原来那个多面体又比这个网络多一个面，所以，对于完整的多面体，V−E+F=2。欧拉定理就这样被证明了。

有且仅有5种正多面体存在（即图14中那5种），这就是欧拉公式的一条有趣的推论。

仔细推敲一下前几页的讨论，你可能会看到，我们在画出图14所示的"各种不同"的多面体以及在用数学推理证明欧拉定理时都作出了一个内在的假设，这在很大程度上限制了我们对多面体的选择。多面体必须没有任何透眼，这就是那个内在假设。这里所说的透眼，就像甜甜圈或橡胶轮胎中间的那个窟窿一样，而不是像气球表面被撕掉一块后的形状。

看一下图16就一目了然了，和图14一样，有两种不同的几何体，全部是多面体。

我们现在来观察一下，这两个新的多面体是否适用欧拉定理。

在第一个几何体上，我们能数出16个顶点、32条棱和16个面。如此一来，V+F=32，而E+2=34，不相等了。在第二个几何体上，我们能数出28个顶点、60条棱和30个面，即V+F=

58，而 $E+2=62$，这样就差得更多了。

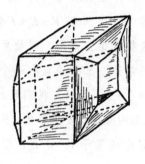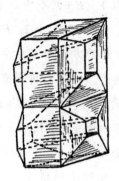

图 16 两个有透眼的多面体（它们分别有一个和两个透眼。这两个多面体的各个面不都是矩形，但我们知道，这在拓扑学中是无关紧要的）

怎么会出现这种情况呢？这两个例子无法用于欧拉定理的证明和推导，那它们错在哪里了呢？

错误在于：我们可以把之前想到的多面体作为一个气球或球胆，而把目前这种新型多面体作为橡胶轮胎或者其他较为复杂的橡胶制品。对于这种多面体，上面证明过程中的必要步骤"割去它的一个面，让它变形，使它成为一个平面"是无法实现的。

如果只是用剪刀剪去球胆的一块表皮，这个必要步骤依然可以实现。但对一个轮胎而言，怎么也无法实现。如果图 16 还无法让你相信这一点，那么你可以找一条旧轮胎自己动手试试。

然而，对于这种比较复杂的多面体，V、E 和 F 之间还是有一定关系的，只不过不是之前的那种关系罢了。对于甜甜圈形的多面体（也就是环状圆纹曲面形的多面体），科学的说法应该是 $V+F=E$。对那种蜜麻花形的多面体，就是 $V+F=E-2$。对于一般的多面体，就是 $V+F=E+2-2N$，N 就是透眼的个数。

另一个典型的拓扑学问题和欧拉定理有着密切的关系，它就是我们说的"四色问题"。把一个球面划分为几个区域，在球面上涂色，不能让任意两个相邻的区域颜色一样。想要完成这个工作，至少要几种颜色？两种颜色通常来说是不够用的，这很容易看出来。三条边界汇集于一点时［例如美国的弗吉尼亚、西弗吉尼亚和马里兰三个州的地图，见图 17（a）］，就需要三种颜色。

不难找到需要四种颜色的例子，如图 17（b）所示（德国吞并奥地利时的瑞士地图）[①]。

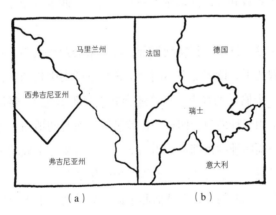

图 17　涂颜色的例子

（a）马里兰州、弗吉尼亚州和西弗吉尼亚州的地图；（b）瑞士、法国、德国、意大利的地图

然而，无论你怎样划分，也无法得到一张必须用四种颜色

---

① 德国占领前用三种颜色就够了：瑞士涂绿色，法国和奥地利涂红色，德国和意大利涂黄色。

以上的地图，这在球面上或者在平面上都是一样的[①]。这样一来，无论是如何复杂的地图，四种颜色就足够让边界两边的区域无法混淆。

但是，假如这种说法没错的话，我们可以从数学上去证实它。可惜的是这一问题经过数代数学家的辛劳奋斗，到现在依然没有成功。这又是一个典型例子，虽然没有人怀疑它的正确性，但也没有人能够给出证明。如今，我们只有从数学上去证明有五种颜色就已经够了。这一证明是通过把欧拉关系式应用于国家数、边界数和几个国家碰到一起的三重、四重等交点数而得出来的。

由于这一证明过程特别复杂，写下来会跑题太多，在这里就不详细叙述了。读者能在不同种类拓扑学的书中找到它，并用它来度过一个愉悦的晚上（也许还会晚上睡不着觉）。要是有人可以证明不用五种而只用四种颜色就可以给所有的地图上色，或者琢磨出一幅四种颜色都不够用的地图，不管哪一个成功了，纯粹数学的年鉴上就会把他的大名印上 100 年之久。

这个涂色的问题，在球面和平面等简单情形下无论如何也证明不出来，说起来还真好笑；但在复杂的曲面上却得到了比较顺利的证明，比如甜甜圈形和蜜麻花形的曲面。举个例子，对于甜甜圈形的曲面已经得到结论，无论如何分划，要让相近区域的颜色不一样，至少需要七种颜色。这样的例子也已经出现了。

---

① 平面上和球面上的地图着色问题是相同的。因为，当把球面的地图上色问题解决之后，我们就能在某一种颜色的地区开一个小洞，然后把整个球面"摊开"成一个平面，这还是上面那种典型的拓扑学变换。

读者可以再动点脑筋，弄来一个充气轮胎，然后找到七种颜色的油漆，再给轮胎上漆，让每种颜色都与其他六种颜色挨着。假如能做到这一点，他就能说自己真正了解甜甜圈形曲面。

3. 翻转空间

直到现在，我们都在谈论各种曲面，即二维空间的拓扑学原理。对于我们生活于其中的三维空间，我们也可以提出类似的问题。如此一来，在三维情况下地图着色问题就变成了：用不一样的物质造出不同性质的镶嵌体，然后把它们拼在一起，并且同一种物质的两个小块没有共同的接触点、线、面。这样的话，究竟需要多少种物质呢？

哪种三维空间适用于二维的球面或环状圆纹曲面呢？可不可以想出一些特殊空间，它们和一般空间的关系就如同球面或环状圆纹曲面和一般平面的关系呢？猛一看，好像没有必要提出这个问题，虽然想出很多种类的曲面对我们来说很容易，然而我们却一直相信只有一种三维空间，那就是我们熟知并生活于其中的物理空间。但是，这类想法是有欺骗性，让人感觉危险的。我们只要运用一下想象力，就可以想到一些其他的三维空间，它迥异于欧几里得教科书里所描述的空间。

想象这样一些古怪空间的主要困难是，我们只有"从内部"去观察这个空间，而无法像在观察各种曲面时那样"从外部"去观察，因为我们本身也是三维空间中的生物。但是，我们能够让自己在征服这些怪空间时不用太费劲，比如我们可以做几节脑力操。

我们要先创建一种三维空间模型，它的性质与球面类似：没有边界，但是有确定的面积；是弯曲的，自我封闭的。这些都是球面的主要性质。我们可不可以想象出一种一样自我封闭，具有确定体积但是没有明显界面的三维空间呢？

　　想象有两个球体，每一个都被限制在自己的球形表面内，就像两个没有削皮的苹果。现在，我们可以想象这两个球体彼此穿过外表面粘在一起。话说回来，这并不是两个像苹果一样的实物，它们可以互相穿透并将外皮粘连在一起。而苹果即使是被挤成碎块，也不会互相穿透。

　　或是，我们想象有个苹果，虫子把它吃出了弯曲盘绕的隧道。假设有一黑一白两种虫子，它们彼此回避，彼此厌恶。所以，虽然在苹果皮上它们可以从相邻的两点蛀食进去，但是苹果内两种虫子所蛀的隧道并不相连。这个被两种虫子蛀来蛀去的苹果，就会出现互相紧密纠缠、布满整个苹果内部的双条隧道，如图18所示。虽然黑虫与白虫的隧道能够非常接近，但是必须先走到表面上去，才能从这两座迷宫中的一座跑到另一座。假如设想的隧道数目越来越多，越来越细，它们最终会在苹果内得到两个互相交错的独立空间，它们只在公共表面上相连。

　　你要是不喜欢用虫子当作例子，可以想象一种双过道楼梯系统，就像纽约世界贸易大厦那座巨大球形建筑里的样子。想象整个球体内被每一套楼梯系统盘过，必须先走到球面上两套楼梯的会合处，然后往里走，才能从其中一套楼梯的一个地点到达相邻一套楼梯的一个地点。这两个球体互相交错，但是互不干扰。你和你的朋友要见见面、握握手都必须要兜好大一个圈子，虽然你们可能离得很近。值得注意的是，因为你一直都可以把整个结构

图 18　被两种虫子所蛀的苹果

变形，把连接点弄到里面去，把之前在里面的点移到外面来，所以两套楼梯系统的连接点实际上与球内的各点并没有什么不同之处。另外要注意的是，虽然在这个模型中两套楼梯系统的总长度是确定的，但是不存在"死胡同"。你在楼梯中绝不会被墙壁或栅栏挡住，可以在其中来回走动；你一定会在某一时刻重新走到你的出发点，只要你走得足够远。假如从外面观察整个结构，你可以说，由于楼梯逐渐弯曲成了球形，在这迷宫里行走的人总是会回到出发点。但是这个空间对于处于内部、不了解"外面"的人来说，就是一种具有确定大小但是没有明确边界的东西。这种没有明显边界但是并非无限的"自我封闭的三维空间"在普遍地讨论宇宙性质时是非常实用的，这一点我们会在下一章里谈到。实际上，之前用最厉害的望远镜所进行的观察似乎证明了，宇宙在我们视线边缘这么远的距离上好像开始弯曲了，这就像那个被虫蛀出隧道的苹果的例子一样，显示出它有明显的折回来自我封闭的趋势。但是，在探索这些让人激动的问题之前，我们还必须了解空间的一些其他性质。

我们与苹果和虫子的缘分还没有结束。能不能把一只被虫子蛀过的苹果变成一个甜甜圈是下一个问题。我们现在只是说让苹果和甜甜圈的形状变得一样，而不是说让它们的味道变得一样。我们所研究的不是烹饪法，而是几何学。让我们拿一只之前说过的两个"互相穿过"并且表皮"粘连在一起"的苹果。如图19所示，假设其中一只苹果被一只虫子蛀出了一条环形隧道。

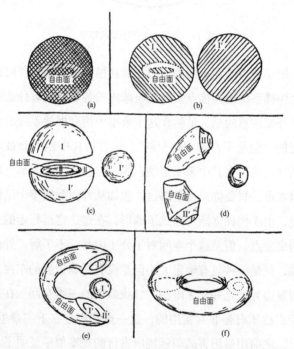

图19　怎样把一个被虫蛀过的"双苹果"变成一个好吃的甜甜圈

不要忘了，隧道是被蛀在一只苹果里面的。因此，在隧道内只有那个没有被蛀过的苹果的物质，在隧道外的每一点都是属于两个苹果的双重点。这个"双苹果"如今有了一个由隧道内壁组成的自由表面［见图 19（a）］。

要是苹果怎么捏就怎么变形，是否可以假定它具有很大的可塑性呢？如果苹果不会发生裂口，可以把这个被虫子蛀过的苹果变成面包圈吗？把苹果切开是为了便于操作，但是在实施过必需的变形操作后，还应该把原切口给粘起来。

首先，我们要除去粘住这个"双苹果"果皮的胶质，把两个苹果分开［见图 19（b）］。用 I 和 I′ 表示这两张果皮，以便在下面各个步骤中盯住它们，并在最后重新把它们粘起来。然后，把那个被蛀出一条隧道的苹果沿隧道切开［见图 19（c）］。这一下又切出两个新面来，记之以 II、II′和 III、III′，后面还会把它们粘回去。现在，隧道的自由面显示出来了，它应该成为甜甜圈的自由面。那么，我们现在就按图 19（d）的样子来摆弄这几个"零件"。现在这个自由面被拉伸成很大一块。不过，按照我们的假设，这种物质是可以任意伸缩和切开的，面 I、II、III 都变小了。与此同时，我们也对第二个苹果进行手术，把它缩小成樱桃那么大。现在开始往回粘。第一步先把 III、III′粘上，这很容易做到，粘成后如图 19（e）所示。第二步把被缩小的苹果放在第一个苹果所形成的两个夹口中间。收拢两个夹口，球面 I 就和 I′重新粘在一起，被切开的面 II 和 II′也再结合起来。这么一来，我们就得到了一个甜甜圈，光溜溜的，多么精致！

这样做有什么用处呢？

除了让你做做脑力操，体会一下何谓想象几何学以外，其实这样做也没什么用，但这对理解弯曲空间和封闭空间这些不寻常的东西很有帮助。

如果你愿意让你的想象力走得更远一些，那我们就来看看上面做法的一个实际应用。你的身体居然具有甜甜圈的形状，这一点你可能从来没有意识到吧。实际上，所有生命有机体在它们发育的初始阶段都经历过"胚囊"这个阶段。在这一阶段，它中间贯穿着一条宽阔的通道，呈现球形。通道的一端用来输入食物，生命体汲取了有用成分之后，由另一端排出剩余的物质。等到了发育成熟期，这条内部通道就会越发复杂，变得越来越细，甜甜圈形体的全部几何性质都没有改变，最重要的性质依然如故。

那么，你自己现在也是个面包圈了，现在试一下按照图19所示过程的逆过程把它翻回去，把你的身体（在思维中）变成有一条内部通道的"双苹果"。你会发现，你身体中彼此有些交错的各个部分组成了这个"双苹果"的果体，而包括地球、月亮、太阳和星辰的整个宇宙，都被挤进了内部的圆形隧道！

你还可以试着画画看，看能画成什么样子。假如你的成绩不错，那就连达利本人也要承认你是超现实派的绘画权威了（见图20）。这一节已经够长了，但我们不能就此结束，还得讨论一下左手系和右手系物体以及它们与空间的一般性质的关系。这个问题通过一副手套来讨论最为简便。一副手套有两只（见图21），把它们比较一下就会发现，它们的所有尺寸都相同，然而，两只手套却有很大的不同：你决不能把左手那只戴到右手上，也不能把右手那只戴到左手上。你可以随意地把它们扭来转去，但左手套永远是左手套，右手套永远是右手套。另外，从鞋子的形状、汽车的操纵系统（美国的和英国的）、高尔夫球棒等其他很多物体，都可以看到左手系和右手系的区别。

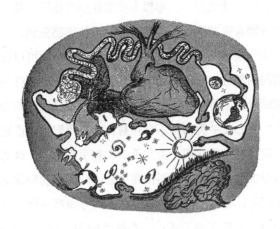

图20　翻过来的宇宙（这幅超现实的图画所表现的是一个人在地球表面上走，并抬头看着星星。这幅画是用图19所示的方法进行拓扑学变换的。地球、太阳和星星都被挤到了人体内的一个狭窄的环形通道里，它们的四周是人体的内部器官）

图21　右手系和左手系的物体（它们看起来非常相像，但却极为不同）

另外，像礼帽、网球拍等物体就没有这种差别。去商店里买几只左手用的茶杯这种蠢事没有人会做；要是有谁让你去向邻居借一把左手用的活动扳手，那根本就是在搞恶作剧。那么，这两种物体的区别有哪些呢？你稍微思考一下就能感觉到，一个对称面会存在于礼帽和茶杯这一类物体上，沿着这个面可以把物质切成两个相同的部分。这种对称面在手套和鞋子上就不存在。你完全可以试试看，不管你如何切，你都无法把一只手套割为两个同样的部分。假如某一类物体不存在对称面，我们可以说它们是非对称的，而且可以把它们分为左手系和右手系两类。这两类的差别在自然界中也很常见，而不仅在手套这种人造的物体上表现出来。举个例子，有两种不同的蜗牛在别的方面都一样，不同之处仅在于给自己盖房子的方式：一类蜗牛的壳是顺时针的螺旋形，另一类蜗牛的壳是逆时针的螺旋形。即使在分子这种构成所有物质的微粒中，也经常有左旋和右旋两种形态，就像手套和蜗牛壳的情况一样。当然，肉眼是看不见分子的，然而，这种不对称性都体现在这类分子所构成的物质的结晶形状和光学性质中。比如，糖就有两种，左旋糖和右旋糖；不管你信不信，还有两种细菌会吃糖，每一种仅吞吃和自己同类的糖。

从以上内容来看，如果把一个右手系物体（例如一只右手套）变为左手系物体，应该是根本不可能的。但事实果真如此吗？可以设想出一些能够实现这类变化的神奇空间吗？我们之所以能站在比较优越的三维地位上来考察各个方面，是因为我们从生活在平面上的扁平人的角度解答了这个问题。请看图22，图中画出了只有两维空间的扁平国的代表。我们称呼那位手里拿着一串葡萄的站着的人为"正面人"，因为他没有侧面，只有正面。他身边的动物则是一头"侧面驴"，严格来说，是一头"右侧面驴"。话说回来，我们也可以把一头"左侧面驴"画出来。此时，从两维的观点来看，因为两头驴都局限在这个面上，它们的差别就像在三维空间中的左、右手套一般。你无法让"左侧面驴"和"右侧面驴"一起向前，因为它们中的一个必须要翻个肚皮朝天，才能鼻子碰着鼻子、尾巴碰着尾巴。要是这样的话，它就只有四脚朝天，连站都站不住了。

图22　扁平国的代表（生活在曲面上的二维"扁片生物"就是这个样子的。不过，这类生物很不"现实"。那个人有正面而无侧面，他不能把手里的葡萄放进自己嘴里。那头驴子吃起葡萄来倒是挺便当，但它只能朝右走。如果它要向左去，就只好退着走。驴子倒是常往后退的，不过这毕竟不那么像样）

　　然而，要是从面上取下来一头驴子，在空间中掉一下头，然后放到面上去，两头驴子就完全一样了。和这个类似，我们要是从我们这个空间中把一只右手套拿到四维空间中，用合适的方法旋转一下然后放回来，它就会变为一只左手套。不过，上面的方法是根本无法实现的，因为我们这个物理空间并没有第四维存在。那么，还有其他的方法吗？

　　我们还是回到二维世界中来吧。然而，我们要把像图22那样的一般平面换为所谓莫比乌斯面。一个世纪前[1]第一个对这种面进行研究的德国数学家命名了这种曲面。要得到它是很容易的：取一张长条普通纸，在一端拧一个弯后，把两端粘在一起，形成一个环。这个环的做法可以参看图23。这种面具有很多特殊的性质，我们很容易发现其中的一个性质：拿一把剪刀沿着和边缘平行的中线剪一圈（图23中的箭头），你肯定会觉得，这样做的话这个环会被剪成两个独立的环，但是你试一下就会知道你想得不对，你得到的只有一个环，并非两个环，它比之前那个长一倍，窄一半。

我们来看看，一头侧面驴沿着莫比乌斯面走一圈会有什么事情发生。假设它从位置1（见图23）开始，现在看到它是头"右侧面驴"。我们可以清楚地在图上看到，它一直在走，走过了位置2、位置3，最终又离出发点很近。然而，不只是你觉得奇怪，就是它自己都觉得有问题了，它居然蹄子朝上了。当然，它可以在面里旋转一下，让蹄子朝下，不过这样一来，头的方向就又不对了。

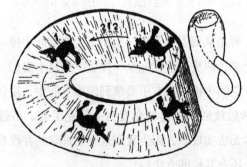

图23　莫比乌斯面和克莱因瓶

———————————

总之，我们的"左侧面驴"沿着莫比乌斯面走了一圈后变成了"右侧面驴"。别忘了，这种情况是在驴子一直处在面上而从未被取出来在空间旋转的情况下发生的。然后我们发现，在一个扭曲的面上，左、右手系物体全部能在经过扭曲处时发生转换。图23所示的莫比乌斯面是被称为"克莱因瓶"（见图23右边）的更一般性的曲面的一部分。克莱因瓶自我封闭且没有明显的边界，只有一个面。假如这种面在二维空间里存在，那么，在三维空间中也会发生同样的情况。空间本身必须有一个合适的扭曲。当然，想象莫比乌斯空间不是一件简单的事情。我们处于内部通常是看不清我们自己的这个空间的，而且也无法像看侧面驴那样从外部看。然而，天文空间都有一个莫比乌斯式扭曲，它并非不可能自我封闭。

　　假如情况真的是这样，那么，环游宇宙的旅行家回到地球上时将会带着一颗位于右胸腔内的心脏。手套和鞋子生产商也许会因为简化生产过程而得到一些益处，因为他们只需要制造一样的鞋子和手套，接着把一半产品装入飞船，让它们绕行宇宙一周就可以了。

　　我们就用这一奇想来为这个不寻常空间的不寻常性质的讨论画上句号吧。

第四章 四维世界

1. 时间是第四维

第四维的概念通常被认为是神秘的、很值得怀疑的。我们这些只有宽度、长度、高度的生物，怎么敢奢谈四维空间呢？在我们三维的头脑里能想象出四维的情景吗？一个四维的正方体或四维的球体该是什么样子呢？当我们想象一头鼻孔喷火、尾巴上披鳞的巨龙或一架设有游泳池并在双翼上有两个网球场的超级客机时，实际上只不过是在头脑里描绘这些东西真的突然出现在我们面前的样子。我们描绘这种图像的背景，仍然是大家所熟悉的、包括一切普通物体——连同我们本身在内的三维空间。如果说这就是"想象"这个词的含义，那我们就想象不了出现在三维物体背景上的四维物体是什么样子的。不过且慢，我们确实可以在平面上画出三维物体来，因而在某种意义上可以说是将一个三维物体压进了平面。然而，这种压法可不是用水压机或诸如此类的设备来实现的，而是用"几何投影"的方法实现的。用这两种方法将物体（以马为例）压进平面的差别，可以从图 24 中看出来。

图 24　把一个三维物体"压"进二维平面的两种方法（左图是错误的，右图是正确的）

　　用类比的方法，现在我们可以说，尽管不能把一个四维物体完全"压"进三维空间，但我们能够讨论各种四维物体在三维空间中的"投影"。不过要记住，四维物体在三维空间中的投影是立体图形，如同三维物体在平面上的投影是二维图形一样。

　　为了更好地理解这个问题，让我们先考虑一下，生活在平面上的二维扁片人是如何领悟三维立方体的概念的。不难想象，作为三维空间的生物，我们有一个优越之处，即可以从二维空间的上方——第三个方向上来观察平面的世界。将立方体"压进"平面的唯一方法，是用图 25 所示的方法将它"投影"到平面上。旋转这个立方体，可以得到各式各样的投影。观察这些投影，那些二维的扁片朋友就多少能对这个叫作"三维立方体"的神秘图形的性质形成某些概念。它们不能"跳出"自己的那个面，像我们这样看这个立方体。不过仅仅是观看投影，它们也能说出这个东西有八个顶点、十二条边等。现在看图 26，你会发现，你和那些只能从平面上琢磨立方体投影的扁片人一样处于困难的境地。事实上，图中那一家人如此惊愕地研究着那个古怪复杂的玩意儿，正是一个四维超正方体在普通三维空间的投影①。

图 25　二维扁片人正惊奇地观察着三维立方体在它们那个世界的投影

图 26　四维空间的来客（这是一个四维超正方体的正投影）

仔细观察这个物体，很容易发现，它与图 25 中令扁片人惊

① 更确切地说，图 26 所示的是四维超正方体的三维投影在纸面上的投影。

讶不已的图形具有相同的特征：普通立方体在平面上的投影是两个正方形，一个套在另一个内部，并且顶点和顶点相连；超正方体在一般空间中的投影则是由两个立方体构成的，一个套在另一个内部，顶点也相连。数一数就知道，这个超正方体共有 16 个顶点、32 条棱和 24 个面。好一个正方体，是吧！

让我们再来看看四维球体该是什么样的。为此，我们最好先看一个较为熟悉的例子，即一个普通球体在平面上的投影。不妨假设将一个标记出陆地、海洋的透明球投射到一堵白墙上（见图 27）。在这个投影上，两个半球无疑重叠在一起，而且，从投影上看，美国纽约和中国北京距离很近，但这只是表面现象。实际上，投影上每一个点都代表球体上两个相对的点，而一架从纽约飞往北京的飞机，其投影则先移动到球体投影的边缘，然后再一直退回来。尽管从投影图上看，两条航线完全重合，但如果它们确实分别在两个半球上，是不会相撞的。

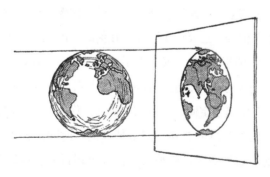

图 27　球体的平面投影

这就是普通球体平面投影的性质。再发挥想象力，我们就不难判断出四维超球体在三维投影的形状。正如普通球体的平面投影是两个重合（点对点）、只在外面的圆周上连接的圆盘一样，超球体的三维投影一定是两个互相贯穿并且外表面相连接的球体。这种特殊结构，我们在上一章已经讨论过了，不过那时是作为与封闭球面类似的三维封闭空间的例子提出的。因此，这里只需再补充一句：四维球体的三维投影就是上一节讲到的两个沿整个外表皮长在一起的苹果。

同样地，用这种类比法，我们能够解答许多有关四维形体的其他性质。不过，无论如何，我们也绝不可能在我们这个物理空间内"想象"出第四个独立的方向来。

但是，只要你再深入思考一下，就会意识到，把第四个方向看得太神秘是毫无必要的。事实上，有一个我们几乎每天都要用的字眼，可以用来表示，并且也的确就是物理世界的第四个独立的方向，这个字眼就是"时间"。时间经常和空间一起用来描述我们周围发生的事情。当我们说到宇宙中发生的任何事情时，无论是在街上与老朋友邂逅，还是遥远的星体爆炸，一般都不只说出它发生在何处，还要说出它发生在何时。因此，除了表示空间位置的三个方向要素外，又增加了一个要素——时间。

再进一步考虑，你会很容易地意识到，所有实际物体都是四维的：三维属于空间，一维属于时间。你所住的房屋就是在长度上、宽度上、高度上和时间上伸展的。时间的伸展从盖房时算起，到最后被烧毁，或被某个拆迁公司拆除，或因年久倒塌为止。

不错，时间这个方向要素与其他三维大不相同。时间间隔是用钟表量度的：嘀嗒声表示秒，当当声表示小时；而空间间隔则是用尺子量度的。此外，你能用一把尺子来量度长、宽、高，却不能把这把尺子变成钟表来量度时间；还有，在空间中你能向前、向后、向上走，然后再返回来，而在时间上却只能从过去到将来，是退不回去的。不过，即使有上述区别，我们仍然可以将时间看作物理世界的第四个方向要素，不过，要注意它与空间不一样。

在选择时间作为第四维时，采用本章开头所提到的描绘四维形体的方法较为方便。还记得四维形体，比如那个超正方体的投影是多么古怪吧？它居然有 16 个顶点、32 条棱和 24 个面！难怪图 26 中的那些人会瞠目结舌地瞪着这个几何怪物了。

不过，从这个新观点出发，一个四维正方体就只是一个存在了一段时间的普通立方体。如果你在 5 月 1 日用 12 根铁丝做成一个立方体，一个月后把它拆掉，那么，这个立方体的每个顶点都应看作沿时间方向有一个月那么长的一条线。你可以在每个顶点上挂一本小日历，每天翻过一页以表示时间的进程。

现在要数出四维形体的棱数就很容易了（见图 28）。在它开始存在时有 12 条棱，它在结束时还有 12 条棱[①]，另外还有描述各个顶点存在时间的 8 条"时间棱"。用同样的方法可以数出它有 16 个顶点：在 5 月 1 日有 8 个空间顶点，在 6 月 1 日也有 8 个空间顶点。用同样的方法还能数出面的数目，请读者自己练习。不过要记住，其中有一些面是这个普通正方体的普通正方形面，而其他的面则是由于原正方体的棱从 5 月 1 日伸展到

[①] 如果你不明白这一点，可以设想有一个正方形，它有四个顶点和四条边。把它沿与四条边垂直的方向（第三个方向）移动一段等于边长的距离，就会多出四条边了。

6月1日而形成的"半空间半时间"面。

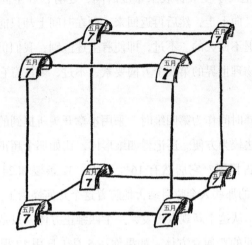

图 28 四维正方体的例子

　　这里所讲的有关四维正方体的原则，当然可以应用到任何其他几何体或物体上，无论它们是活的还是死的。

　　具体地说，你可以把你自己想象成一个四维空间体。这很像一根长长的橡胶棒，从你出生之日延续到你生命结束之时（见图29）。遗憾的是，在纸上无法画出四维的物体来，所以，我们所取得的时间方向是和扁片人所居住的二维平面垂直的。图29只表示出这个扁片人整个生命中很短暂的一部分，至于整个过程则要用一根很长的橡胶棒来表示：以婴儿开始的那一端很细，在很多年里一直变动着，直到死时才有固定不变的形状（因为死人是不会动的），然后开始分解。

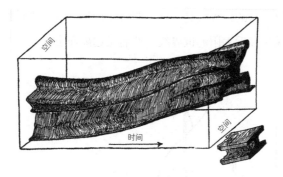

图29　如橡胶棒一样的四维空间体

如果要更准确，我们应该说，这个四维棒是由为数众多的一束纤维组成的，每一根纤维是一个单独的原子。在生命过程中，大多数纤维聚在一起成为一群，只有少数在理发或剪指甲时离去。因为原子是不灭的，人死后，尸体的分解也应考虑为各纤维向各个方向飞去（构成骨骼的原子纤维除外）。

在四维时空几何学的词汇中，这样一根表示每一个单独物质微粒历史的线叫作"世界线"（时空线）。同样，组成一个物体的一束世界线叫作"世界束"。

图30所示是一个表示太阳、地球和彗星的世界线[①]的天文学例子。如同前面所举的例子一样，我们让时间轴与二维平面（地球赤道平面）垂直。太阳的世界线在图中用与时间平行的直线表示，因为我们认为太阳是不动的[②]。地球绕太阳运动的轨道

---

① 这里应说成"世界束"较为恰当。不过从天文学的角度来看，恒星和行星都可看作点。

② 实际上，太阳相对于其他恒星来说是在运动的。因此，如果选用星座为标准，太阳的世界线将向一个方向倾斜。

近似圆形，它的世界线是一条围绕着太阳世界线的螺旋线。彗星的世界线先靠近太阳的世界线，然后又远离而去。

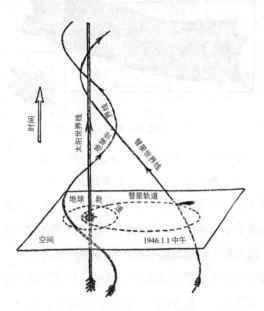

图 30　世界线的天文学例子

　　我们看到，从四维时空几何学的角度着眼，宇宙的历史和拓扑涂层融洽地结合成一体；要研究单个原子、动物或恒星的运动，都只考虑一束纠结的世界线就行了。

2. 时空当量

　　要把时间看作和空间的三维有些等效的第四维，会遇到一个相当困难的问题。在量度长、宽、高时，我们可以全部用同一个单位，如英寸、英尺等。但时间既不能用英寸，也不能用英尺来量度，这时必须使用完全不同的单位，如分钟或小时。那么，它们怎样比较呢？如果面临一个四维正方体，它的三个空间尺寸都是 1 英尺，那么，应该取多长的时间间隔，才能使四个维度相等呢？是 1 秒，1 小时，还是 1 个月？ 1 小时比 1 英尺长还是短？

乍一看，这个问题似乎毫无意义。不过，深入思考，你就会找到一个比较长度和时间间隔的合理办法。你常听人家说，某人的住处"搭公共汽车只需 20 分钟"、某某地方"乘火车只需 5 小时便可到达"。这里，我们把距离表示成某种交通工具走过这段距离所需要的时间。

因此，如果大家同意采用某种标准速度，就能用长度单位来表示时间间隔，反之亦然。很清楚，我们选用的作为时空基本变换因子的标准速度，必须具备不受人类主观意志和客观物理环境的影响、在各种情况下都保持不变的一个基本的和普遍的本质。物理学中已知的唯一的能满足这种要求的速度是光在真空中的传播速度。尽管人们通常把这种速度叫作"光速"，但不如说是"物质相互作用的传播速度"更恰当些，因为任何物质之间的作用力，无论是电的吸引力还是万有引力，在真空中传播的速度都是相同的。除此之外，我们以后还会看到，光速是一切物质所具有的速度的上限，没有什么物体能以大于光速的速度在空间中运动。

第一次测定光速的尝试是著名的意大利物理学家伽利略（Galieo Galilei）在 17 世纪进行的。他和他的助手在一个漆黑的夜晚来到佛罗伦萨郊外的旷野。随身携带两盏有遮光板的灯，彼此距离几英里。伽利略在某个时刻打开遮光板，让一束光向助手的方向射去［图 31（a）］。助手已得到指示，一见到从伽利略那里射来的光线，就立刻打开自己的遮光板。既然光线从伽利略那里到达助手，再从助手那里折回来都需要一定的时间，那么，从伽利略打开遮光板时起，到看到助手发回的光线，也应有一个时间间隔。实际上，他也确实观察到一个小间隔，但是，当伽利略让助手站在远一倍的地方再做这个实验时，间隔却没有增大。显然，光线走得太快了，走几英里路根本用不了多长时间，至于观察到的那个间隔，事实上是伽利略和他的助手没有能够在见到光线时立即打开遮光板所造成的——这在今天称为反应迟误。

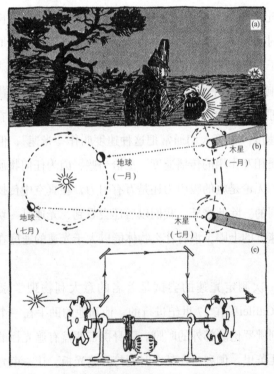

图 31　测定光速

尽管伽利略的这项实验没有取得任何有意义的成果，但他的另一个发现，即木星有卫星，却为后来首次真正测定光速的实验奠定了基础。1675 年，丹麦天文学家雷默（Olaus Roemer）在观察木星的卫星时，注意到木星的卫星每次消失在木星阴影里的时间间隔有所不同，它随木星与地球间的距离在各次星蚀时的不同而变长或变短。雷默当即意识到［你在研究图 31（b）以后也会看到］，这种效应不是由于木星的卫星运动不规则，而是由于当木星和地球距离不同时，所看到的星蚀在路上传播所需要的时间不同。从他的观测得出，光速大约为 185 000 英里 / 秒。难怪当初伽利略用他那套设备测不出来，因为光线从他的位置传播到助手那里再回来，只需要十万分之几秒的时间。

不过，用伽利略这套粗糙的遮光板所做不到的，后来用更精密的物理仪器做到了。在图 31（c）中，我们看到的是法国物理学家菲索（Fizeau）首先采用短距离测定光速的设备，它的主要部件是安装在同一根轴上的两个齿轮，两个齿轮正好使我们对着第二个齿轮的齿隙。这样，一束很细的光沿平行于轴线的方向射出时，无论这套轴承处在哪个位置，都不能穿过这套齿轮。现在让这套齿轮系统高速转动，从第一个齿轮的齿隙射入的光线，总是需要一些时间才能够到达第二个齿轮。如果在这段时间内，这套齿轮系统恰好转过半个齿距，那么，这束光线就能通过第二个齿轮。这种情况与汽车以适当速度沿装有定时红绿灯系统的街道行驶的情况类似，如果这套齿轮传动系统的转速提高一倍，那么，光线在到达第二个齿时，正好射到转来的齿上，光线就又被挡住了，但转速进一步提高时，这个齿又将在光束到达之前转过去，相邻的齿隙恰好在适当的时刻转来让光线射过去。因此，注意光线的出现和消失（或从消失到出现）所对应的转速，可以让光在两个齿轮之间多传播一点路程，这可以借助图 31（c）所示的几面镜子来实现。在这个实验中，当齿轮的转速达到 1 000 转 /分钟时，菲索从靠近自己的齿轮的齿隙中看到了光线，这说明在这种转速下，光线从这个齿轮到达另一个齿轮时，齿轮的每个齿刚好转过半个齿距，因为每个齿轮上有 50 个完全相同的齿，所以齿距的一半正好是圆周的 1 / 100，这样，光线走过这段距离的时间也就是齿轮转一圈所用时间的 1 / 100，再把光线在两齿间所走的路程也考虑进来进行计算，菲索得到的光速为 300 000 千米 /秒或 186 000 英里 /秒，其与雷默考察木星的卫星所得到的结果差不多。

接着，人们又用各种天文学方法和物理学方法，继两位先驱之后作了一系列独立的测量。目前，光在真空中的速度（常用字母 c 表示）最令人满意的数值是

$$c = 299\,776\ 千米 /秒$$

$$c = 186\,300\ 千米 /秒$$

在量度天文学上的距离时，数字一般是非常大的，如果用英里或千米表示，可能要写满一页纸，这时，用速度极高的光速作为标准就很方便了。因此，天文学家说某颗星离我们"5光年"远，就像我们说去某地乘火车需要 5 个小时一样。由于 1 年有 31 558 000 秒，1 光年就等于 31 558 000 × 299 776 = 9 460 000 000 000（千米）或 5 879 000 000 000 英里。采用"光年"这个词表示距离，实际上已经把时间看成一种尺度，并用时间单位来量度空间。同样，我们也可以把这种表示方法反过来，得到"光英里"这个名称，意思是光线走过一英里路程所需要的

时间，把上述数值代入，得到 1 光英里等于 0.000 005 4 秒。同样，1 光英尺等于 0.000 000 001 1 秒。这就回答了我们在上一节中提到的那个四维正方体的问题。如果这个四维正方体的三个空间尺度都是 1 英尺，那么时间间隔就应该是 0.000 000 001 1 秒。如果一个边长为 1 英尺的正方体存在了一个月的时间，那就应把它看作一根在时间方向上比其他方向长得多的四维棒了。

3. 四维空间的距离

在解决了空间轴和时间轴上的单位如何进行比较的问题之后，我们现在可以问：在四维时空世界中两点间的距离应该如何理解？要记住，现在每一个点都是空间和时间的结合，它对应于通常所说的"一个事件"。为了弄清这一点，让我们看看下面的两个事件。

事件 I：1945 年 7 月 28 日上午 9 点 21 分，纽约市五马路和第五十街交叉处一层楼的一家银行被劫。

事件 II：同一天上午 9 点 36 分，一架军用飞机在大雾中撞到了纽约第三十四街和五、六马路之间的帝国大厦第七十九层楼的外墙上（见图 32）。

这两个事件，在空间上南、北相隔 16 条街，东、西相隔半条街，上、下相隔 78 层楼；在时间上相隔 15 分钟。很明显，表达这两个事件的空间间隔不一定要注意街道的号数和楼的层数，因为我们可以用大家熟知的毕达哥拉斯定理，把两个空间点的坐标距离的平方和开方，变成一个直接的距离（见图 32 右下角）。为此，必须先把各个数据转化成相同的单位，比如英尺。如果相

图 32　事件举例

邻两街南、北相距 200 英尺，东、西相距 800 英尺，每层楼平均高 12 英尺，这样，三个坐标距离是南、北 3 200 英尺，东、西 400 英尺，上、下 936 英尺。用毕达哥拉斯定理得出两个出事地点之间的直线距离为

$$\sqrt{3\,200^2+400^2+936^2}=\sqrt{11\,280\,000}=3\,360（英尺）$$

如果把时间当作第四个坐标的概念确实有实际意义，我们就能把空间距离 3 360 英尺和时间距离 15 分钟结合起来，得出一个表示两个事件的四维距离的数值。

按照爱因斯坦（Albert Einstein）原来的想法，四维时空的距离，实际上只要把毕达哥拉斯定理进行简单推广便可得到，这个距离在各个事件的物理关系中所起的作用，比单独的空间距离和时间间隔所起的作用更为基本。

要把空间和时间结合起来，当然要把各个数据用相同的单位表达，正如把街道间隔和楼房高度都用英尺表示一样。前面我们已经看到，只要将光速作为变换因子，这一点就很容易办到了。这样，15 分钟的时间间隔变为 800 000 000 000 光英尺。如果对毕达哥拉斯定理作简单的推广，即定义四维距离是四个坐标距离（三个空间和一个时间）的平方和的平方根，我们实际上就取消了空间和时间的一切区别，承认了空间和时间可以互相转换。

然而，任何人——包括了不起的爱因斯坦在内——也不能把一根尺子用布遮上，挥动一下魔棒，再念念"时间来，空间去，变"的咒语，就变出一只亮闪闪的新牌闹钟来（见图 33）！

图 33　爱因斯坦教授从来都不会来这一手，但他所做的比这还要强得多

因此，我们在使用毕达哥拉斯定理将时空结合成一体时，应该采用某种不寻常的办法，以便保留它们的某些本质区别。按照爱因斯坦的看法，在推广毕达哥拉斯定理的数学表达式时，空间距离与时间间隔的物理区别可以在时间坐标的平方项前加负号来强调。这样，两个事件的四维距离可以表示为三个空间坐标的平方和减去时间坐标的平方，然后开平方。当然，首先将时间坐标转化成空间单位。

因此，银行抢劫案和飞机失事案之间的四维距离应该这样计算：

$$\sqrt{3\,200^2 + 400^2 + 936^2 - 800\,000\,000\,000^2}\,。$$

第四项与前三项相比是非常大的，这是因为这个例子取自"日常生活"，而用日常生活的标准来衡量时，时间的合理单位真是太小了。如果我们所考虑的不是纽约市内发生的两个事件，而用一个发生在宇宙中的事件作为例子，就能得到大小相当的数字了。比如说，第一个事件是 1946 年 7 月 1 日上午 9 点整的比基尼岛上有一颗原子弹爆炸，第二个事件是同一天上午 9 点 10 分有一块陨石落在火星表面。这样，时间间隔为 540 000 000 000 光英尺，而空间距离为 6 500 000 000 000 英尺，两者大小相当。

在这个例子中，两个事件的四维距离是

$$\sqrt{(65\times10^{10})^2 - (54\times10^{10})^2}\ \text{英尺} = 35\times10^{10}\ \text{英尺}$$

它在数值上与纯空间距离与纯时间间隔都很不相同。

当然，大概有人反对这种似乎不太合理的几何学。为什么对其中的一个坐标不像对其他坐标那样一视同仁呢？千万不要忘记，任何描述物理世界的数学系统都必须符合实际情况；如果空间和时间在它们的四维结合上的表现确实有所不同，那么，四维几何学的定律当然也要按照它们本来的面目去塑造。而且，还有一个简单的办法，可以使用爱因斯坦的时空几何公式，它看起来与学校里所教的古老的欧几里得几何公式一样美好。这个想法是德国的数学家闵科夫斯基（Hermann Minkowski）提出的，做法是将第四坐标看作纯虚数。你大概记得在本书第二章讲过，一个普通的数字乘以 $\sqrt{-1}$ 就成了一个虚数；我们还讲过，应用虚数来解几何问题是很方便的。于是，根据闵可夫斯基的提法，时间这第四个坐标不但要用空间单位表示，并且还要乘以 $\sqrt{-1}$。这样，原来那个例子中的四个坐标就成了：

第一坐标：3 200 英尺；第二坐标：400 英尺；第三坐标：936 英尺；第四坐标：$8 \times 10^{11}i$ 光英尺。

现在，我们可以定义四维距离是所有四个坐标距离的平方和的平方根了，因为虚数的平方是负数，所以，采用闵可夫斯基坐标的普通毕达哥拉斯表达式在数学上与采用爱因斯坦坐标是等价的。

有个故事，说的是一个患关节炎的老人，询问自己的一位健康的朋友怎样避免得关节炎。

回答是："我这一辈子每天早上都来个冷水浴。"

"噢。"前者喊道，"那你是患了冷水浴病喽！"

如果你不喜欢前面那个似乎患了关节炎的毕达哥拉斯定理，那么，你不妨把它改成虚时间坐标这种冷水浴病。

由于在时空世界第四坐标是虚数，就必然会出现两种在物理上有所不同的四维距离。

在前面那个纽约事件的例子中，两个事件之间的空间距离比时间间隔小（用同样的单位），毕达哥拉斯定理中根号内的数是负的，因此，我们所得的是虚的四维距离；在后一个例子中，时间间隔比空间距离小，这样，根号内得到的是正数，这自然意味着两个事件之间存在着实的四维距离。

如上所述，既然四维空间被看作实数，而时间间隔被看作纯虚数，我们就可以说，实四维距离同普通空间距离的关系比较密切，而虚四维距离则比较接近时间距离。在采用闵可夫斯基的术语时，前一种四维距离称为类空间间隔，后一种称为类时间间隔。

在下一章，我们将看到类空间间隔可以转变为正规的空间间隔，类时间间隔也可以转变为正规的时间间隔。然而，这两者一个是实数，一个是虚数，这个事实就给时空互变造成了不可逾越的障碍。因此，一根尺子不能变成一座时钟，一座时钟也不能变成一根尺子。

第五章 时空的相对性

1. 时间和空间的相互转换

尽管数学试图去证明在一个四维世界中，空间和时间的统一并不能完全消除距离和持续时间之间的差异，但它们确实揭示了这两个概念之间的相似之处，这在爱因斯坦之前的物理学中是前所未有的。

事实上，现在应将各个事件之间的空间距离和时间间隔视作在空间轴和时间轴上的投影，因此四维直角坐标系的旋转可能导致部分空间距离转换为持续时间，反之亦然。但是我们所说的四维时空轴的旋转是什么意思呢？

首先我们来思考一下空间直角坐标系，如图 34（a）所示，假设有两个相隔一定距离 L 的固定点。把这段距离投射到两条坐标轴上，我们会发现这两个点在第一个轴的方向上相距 a，在第二个轴的方向上相距 b。如果我们将直角坐标系旋转一定角度［见图 34（b）］，同样距离所得到的在两个新轴上的投影不用于之前的投影，得到新的 a′ 和 b′。然而，根据毕达哥拉斯定理，两个投影的平方和的平方根在这两种情况下是相等的，因为它对应于两点间的实际距离，并不会因为轴的旋转而改变，即

$$\sqrt{a^2+b^2}=\sqrt{a'^2+b'^2}=L$$

因此可知平方之和的平方根不因坐标的旋转而改变，而投影值的大小是取决于坐标系的。

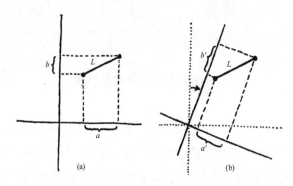

图34　空间直角坐标系

现在让我们思考一下由一根对应距离的轴和一根对应持续时间的轴所组成的坐标系。在这种情况下，前一个例子中的两个固定点变成两个固定事件，并且在两个轴的投影分别代表空间和时间。对于上一章节讨论的银行抢劫和飞机坠毁这两个事件的时间，我们可以绘制一张与表示两个空间轴的图［见图34（a）］非常相似的图［见图35（a）］。那么我们现在应该怎样旋转坐标轴呢？答案是出乎意料甚至有些令人困惑的：如果想要旋转这种时空轴，就坐公共汽车吧。

好，假设我们真的在7月28日的早上，坐上了一辆沿着第五大道行驶的公共汽车的上层。如果我们能否看到这些事件仅取决于距离，那么从功利主义的角度出发，我们此时最关心的问题是银行抢劫事件和飞机坠毁事件的发生地点距离我们的公共汽车有多远。

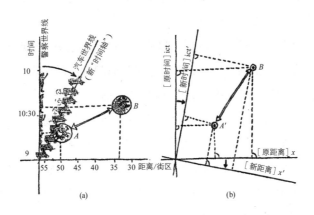

图 35 (a) 传统方式; (b) 爱因斯坦方式

看看图 35（a），如果公共汽车世界线的连续位置与银行抢劫事件和飞机坠毁事件都画在上面，你一下子就可以发现在公交汽车上看到的距离和在其他地方看到的距离不一样，比如和站在街角的警察观察到的不同。因为公共汽车正沿着大街行驶，所以我们可以说大概每 3 分钟前进一个街区（在纽约交通拥挤的情况下这并不罕见），那么从公共汽车上看，这两个事件之间的距离变小了。但事实上，在上午 9 点 21 分，公共汽车正穿过第五十二街，此刻两个街区外正在发生银行抢劫事件。当发生飞机坠毁事件时（上午 9 点 36 分），公共汽车正在第四十七街，也就是说，与飞机坠毁地点相隔 14 个街区。因此在测量相对于公共汽车的距离时，我们得到结论说抢劫和坠毁两个事件的发生地点相距 14-2=12（个）路口，相比之下对于两处的建筑而言测量的距离是 50-34=16（个）街区。再看图 35（a），我们看到，从公共汽车上记录的距离，不必像以前那样从纵轴（警察的世界线）算起，而是从表示公共汽车世界线的倾斜线算起，因此，正是后者这条线成了新的时间轴。

刚才讨论的这些可以这样归纳一下：当通过一个运动着的物体去绘制事件的时空图时，我们必须将时间轴旋转一定角度（取决于运动物体的速度），而空间轴保持不动。

尽管这种说法在经典物理和所谓的"常识"来看是个信条般的真理，但是，和我们关注四维时空世界的新观点有着直接的冲突矛盾。事实上，如果把时间当作独立的第四个坐标，那么时间轴则会永远和其他三个空间轴保持垂直，不管我们是坐在公共汽车、电车上还是在人行道上。

此时我们只能遵循这两个观点中的其中一个。一个是我们坚持对空间和时间的传统认知，那么就要放弃对统一的时空几何学作深入思考；另一个则是打破"常识"的旧观念，假设在我们的时空图中空间轴必须沿着时间轴转动，这样两个轴就始终保持相互垂直［图35（b）］。

但是，旋转时间轴意味着在运动物体上观察两个事件的时候它们分别有不同的空间间隔（即12个和16个街区的区别），以同样的方式旋转空间轴则意味从地面上的固定点观察两个事件的时候它们有着不同的时间间隔。因此，如果银行抢劫事件和飞机坠毁事件在市政大楼的钟上相隔15分钟，那么公共汽车上乘客的手表所记录的时间间隔是不同的——不是因为两个表由于机械缺陷以不同的速度移动，而是因为在不同运动速度的物体上，时间本身的流速不同，而且实际上记录时间的机械系统相应地变慢了，但是公共汽车行驶速度太小，这种延迟微乎其微，几乎感觉不到（这个现象后面还会用较长篇幅来讨论）。

再举一个例子，让我们思考一下一个男人在移动的火车餐车吃饭。从餐车服务员的角度来看，他一直坐在一个位置上（窗边第三个座位）吃他的开胃菜和甜点。但从铁路轨道上两个站着的调度员的角度看，一个正好看到他吃了开胃菜，另一个最后只看到他吃了甜点——两个事件发生在相隔数英里的地方，因此我们可以说：就一个观察者的角度而言，两个事件发生在同一地点但不同的时刻，从同一状态下其他不同运动状态的观察者的视角来看，却可能被认为发生在不同的地点甚至不同的状态。

考虑到所需的时空等效性，将上句中的"地点"一词和"时刻"相互替换，句子就变成了：就一个观察者的视角而言，两个事件发生在同一时刻但是不同的地点，从同一状态下其他不同运动状态的观察者的视角来看，却可能被认为发生在不同的时间甚至不同的状态。

将其应用到餐车的例子中，我们可以预测，服务员可以发誓说坐在火车两端的乘客绝对是同时点燃香烟的，但是站在轨道旁的调度员则会坚持说在火车经过时他通过窗户看到两个人一前一后点燃了香烟。

因此，从一个观察者的视角来看两个被认为是同时发生的事件，从另一个观察者的视角来看则可能被一个特定的时间间隔分开。

空间和时间仅是亘古不变的四维坐标轴的投影，是四维空间几何学的必然结论。

2. 以太风和天狼星之旅

现在让我们扪心自问是否仅是因为想使用四维几何的语言，就把这种革命性的变化引入我们对空间和时间原有的舒适观念中去。

如果我们的答案是肯定的，那我们要挑战整个基于艾萨克·牛顿根据时间和空间的定义构成的经典物理学体系，即"就其本质而言，绝对的空间是和任何外界事物无关的，它保持不变且从不运动"，并且"就其本质而言，绝对的、真实的数学时间是自行均匀地流逝的，和任何外界的事物无关"。牛顿在写这些话的时候当然不认为他在陈述什么新事物，或者有什么可以开放讨论的，他只是用一种准确的语言简单地表达了空间和时间的概念，这种概念对很多人来说是显而易见的常识。事实上人们对这种空间和时间经典概念的正确性深信不疑，因此这种概念经常被哲学家当作一种先验的东西，也没有哪个科学家（更别说门外汉了）曾想过这个概念的错误性，以及它是否有重新被验证和声明的必要性。既然如此，为什么我们现在要重新思考这个问题呢？

答案是：人们放弃经典的时间和空间概念，并将它们统一在一个单一的四维构图中，并不是出于爱因斯坦对纯粹审美的需求，也不是出于这位天才内心不安的冲动，而是因为它经常在实验研究中出现，而且无法用古典概念中独立的空间和时间来解释。

1887年，一位美国物理学家迈克耳孙完成了一项看似朴实无华的实验，对这座永恒而漂亮的经典物理"城堡"造成了第一次震撼基石的冲击，几乎松动了它每一块建造精巧的砖石，甚至撼倒了它的墙垣，就像约书亚的喇叭对耶利哥城墙的作用一样。迈克耳孙的实验非常简单，它基于一种物理假设：当光穿过所谓的"光以太"（指一种充满宇宙空间和填满所有物质原子间空隙的物质）时会出现波动。

往池塘里丢一块石头，水波就向各个方向传播。任何发光的物体都会以同样的方式发光，音叉振动发音也是如此。但是，水面的波可以清楚地表现出水粒子的运动，我们也知道声音是通过空气或者其他物质的振动而产生的，但却无法找到任何一种可以携带光波的介质。事实上，光是如此轻松简单地（与声音相比）、空空荡荡地就穿过了空间。

不过，如果说在没有物体可以振动的地方发生了振动就太不合逻辑了，因此物理学家不得不引入一个新的概念——光以太，为"振动"这个动词提供一个实质性的主语，以试图解释光的传播。从纯粹的语法观点来看，任何动词都必须有主观性，不能否认"光以太"的存在。但是，一定要强调"但是"——语法的规则没有，也不能指导我们为了正确造句而必须引入具有什么样物理性质的物质。

如果我们说光由穿过"光以太"的波组成，用光传播的载体来定义光以太的话，这倒是一句无懈可击的话，不过也只是微不足道的重复罢了。实质问题是研究光以太究竟是什么，以及它具有什么样的物理性质。在这个问题上，任何语法也无法帮助我们，只有从物理学中寻找答案。

在后面的讨论中我们将会看到，19 世纪的物理学所犯的最大错误是人们假设光以太具有和我们所熟知的一般物体相似的物理性质。人们经常提到光以太的流动性、刚性和各种弹性，甚至内摩擦。因此，举个例子，就是光以太一方面作为传递光波[①]时振动的固体，另一方面在天体运动中没有任何阻力，表现出完美的流动性，可通过与火漆等材料的对比对其进行解释。我们知道火漆和其他类似的物质都很坚硬，在机械力快速地冲击下易碎，但是长时间下它们又会因为自重而像蜂蜜一样流动。如此分析，过去的物理学假设光以太充满了整个宇宙空间，在面对光传播的快速畸变时是一种坚硬的固体，但是面对比光慢上几千倍的恒星和行星来说，它又表现得像一种优质的液体，可以被肆意推开。

这是一种拟人的观点，可以说，当试图判断一种除了名字以外几乎什么未知的事物具有我们所熟知的一般物质的性质时，从一开始就是极其失败的。而且尽管人们作出了很多尝试，至今仍然没有机会给这种神秘的光波载体找到合理的力学性质。

根据我们已有的知识，不难发现这些尝试的错误之处。事实上，我们知道一般物质的所有机械性质都可以追溯到构成物质的原子间的相互作用上。因此，可以举例，水具有高流动性是因为水分子间几乎没有摩擦力，橡胶具有弹性是因为橡胶分子易变形，金刚石坚硬是因为构成金刚石结构的碳原子都被紧紧联系在

---

① 我们已经知道光波的振动方向与光的传播方向是垂直的，因此光波被称为横波。就一般物体而言，横波只发生在固体中，液体和气体的粒子振动方向与波的行进方向相同。

刚性结构上。因此各种物质所共有的力学性质都是源于它们的原子结构，但无论如何，这个结论应用到像光以太这种绝对连续的物质上时就失去了意义。

光以太是一种特殊的物质，和我们一般称为实物的熟悉的原子结构没有任何相似之处。我们可以称光以太为"物质"（仅仅是因为它需要作为动词"振动"在语法上的主语），但是我们也可以叫它"空间"，我们要记住，我们前面已经看到过并且后面还会继续看到，空间可能具有某种形态上或者结构上的特点，这让它比欧几里得几何学上的空间概念复杂得多。实际上，现代物理学中"光以太"（撇开它所谓的机械性质不说）和"物理空间"是同义词。

但是我们扯到光以太的哲学分析上就太跑题了，现在必须回到迈克耳孙的实验上来。我们之前说过，这个实验的原理非常简单。如果光以波的形式通过光以太，地球表面的测速仪记录到的光速将会因为地球在宇宙空间中的运动而受到影响。站在地球上正好与地球绕日轨道方向一致之处，我们就能体验一下"以太风"，如同在一个完全宁静的天气站在高速行驶的航船甲板上，依旧会感觉到有风扑面而来。当然我们感觉不到以太风，因为已经假设光以太能毫不费力地通过形成我们身体的各个原子了，不过我们应该能根据测量与地球行进方向成不同角度的光的速度来感知它的存在。谁都知道顺风前进时声音的速度比逆风时要大，因此光顺以太风和逆以太风传播时的速度看来自然也会不同。

因为这个原因，迈克耳孙着手设计了一套可以记录各个不同方向不同光速的仪器。当然，最简单的方法是采用之前提到过的菲索实验的仪器［图31（c）］，然后通过把它转向不同的方向来进行一系列的测量。但是，这并不是一个非常理性的做法，因为这要求每次测量都有很高的精确度。实际上因为我们所预期的差别（等同于地球的运动速度）只有光速的万分之一，所以我们应该每次测量都保证极高的精确度。

如果你有两根一样长的棍子，并且想要知道它们之间的不同，你会发现把一头对齐测量另外一头是找出长度差最简单的方法。这就是所谓的"零点法"。

迈克耳孙实验仪器的原理如图36所示，它利用零点法比较两个相互垂直的光波速波。

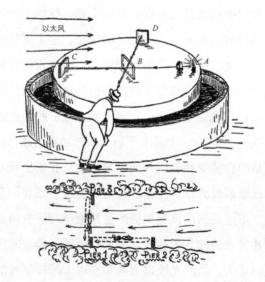

图36

这套仪器的中心部件是一块镀了薄薄一层银的半透明的玻璃

片 B，可以让光束一半射入，一半反射。因此，从光源 A 射来的光束在通过这个部分的时候分成了相互垂直的两部分。这两道光束由放置在与中心部件等距处的两个镜子 C 和 D 反射，并被送回中心部件。由 D 折回的光束部分穿过银膜，和同样部分通过 C 的光束汇聚在一起。因此两束光线在进入仪器前被分开，又在被观察者看到前汇聚在一起。根据一个众所周知的光学原则，两束光线会互相干涉，形成肉眼可见的明暗条纹。如果 B、D 和 B、C 的间距相等，那么两束光线将同时返回中心部件，明亮的部分就会位于正中间。如果距离有些改变，那么一束光线就会晚些到达，导致明亮条纹向左或者向右偏移。

因为这套仪器被放置在地球表面，而地球又在宇宙空间中快速地运动，我们必须预料到以太风的运动速度会和地球的运动速度相同。例如，我们可以假设以太风以自 C 向 B 的方向吹去（见图 36），那让我们问问我们自己，这和两束光线赶到相聚地点的速度会有什么差别。

要注意其中的一束光线显示逆风然后顺风，另一束光线则是在风中来回穿行，哪一束光线会先到呢？

设想有一条河，一艘汽艇从一号码头逆流而行到二号码头，然后再顺流而行回到一号码头。水流在前一部分的航行中起阻碍作用，但在归程中又帮助了它。你可能会倾向于相信这两种影响会相互抵消，其实不然。为了弄清楚这一点，设想汽艇以和水流速度相同的速度行驶。在这种情况下，汽艇从一号码头出发，永远到达不了二号码头！不难看出水流的参与用一个因子延长了整个航行的时间：

$$\frac{1}{1-\left(\dfrac{v}{V}\right)^2}$$

这里的 V 是船速，v 是水的流速[①]。因此，举个例子，如果船速为水流速的 10 倍，那么来回一次的时间为在静水中的

$$\frac{1}{1-\left(\dfrac{1}{10}\right)^2}=\frac{1}{1-0.01}=\frac{1}{0.99}=1.01\text{（倍）}$$

也就是说比在静水中多用 1% 的时间。

　　用同样的方法，我们也可以计算出来回横渡河流的延时。这个延时是因为从一号码头行驶到三号码头时，船必须向一侧稍稍倾斜才能将水流所造成的漂移抵消。这样的话延时会小一些，用公式表示为

$$\sqrt{\frac{1}{1-\left(\dfrac{v}{V}\right)^2}}$$

即对于上面的例子而言时间只延长了 5‰。要证明这个公式非常简单，用功的读者可以试一下。现在，把河流替换成流动的光以太，把船替换成传播中的光束，把码头替换成两面镜子，你得到的就是迈克耳孙实验的组合。光束从 B 到 C 再返回 B 的时间会

---

① 用 l 表示两个码头之间的距离，逆流时的合成速度是 $V-v$，顺流时的速度为 $V+v$，那么我们可以得到航行的总时间为

$$t=\frac{l}{V-v}+\frac{l}{V+v}=\frac{2Vl}{(V-v)(V+v)}=\frac{2Vl}{V^2-v^2}=\frac{2l}{V}\cdot\frac{V^2}{V^2-v^2}=\frac{2l}{V}\cdot\frac{1}{1-\dfrac{v^2}{V^2}}$$

延长

$$\cfrac{1}{1-\left(\cfrac{V}{c}\right)^2}$$

倍，c 是光通过光以太的速度，反之光从 B 到 D 再折回来，时间延长了

$$\sqrt{\cfrac{1}{1-\left(\cfrac{V}{c}\right)^2}}$$

倍，因此和地球运动速度相同的以太风的速度为 30 千米 / 秒，光速则是 30 万千米 / 秒，两束光线分别延迟万分之一和十万分之五。因此通过迈克耳孙的实验仪器很容易观察到顺以太风传播的光束与逆以太风传播的光束的速度之差。

你可以想象一下，当迈克耳孙在这个实验中没能发现干涉条纹发生一点点偏移的时候有多么惊讶。

显然，无论光在以太风中顺行还是逆行，以太风对光束都没有影响。

这个事实太令人震惊了，一开始迈克耳孙自己都无法相信，但是多次细心实验的结果毋庸置疑，这个结论是令人震惊的，他一开始得到的结论是正确的。

对于这个出乎意料的结果，唯一的解释是大胆假设迈克耳孙架设镜子的巨大的石头桌子在沿着地球在宇宙空间中运行的方向

上有微小的收缩（即所谓"菲兹杰拉德[①]收缩"）。事实上，如果
B、C间的距离收缩了一个因子

$$\sqrt{1-\frac{V^2}{c^2}}$$

而B、D的距离保持不变，那么两束光线的延时则变成相等的并
且所产生的干涉条纹不会发生移动。

　　但是，迈克耳孙的石桌收缩这个观点说起来容易，理解起
来却难多了。事实是，我们确实遇到过物体通过有阻尼的介质
时产生收缩的例子。例如汽艇在湖中行驶时，由于尾部推进器
的驱动力和船头水流的阻力两者的作用，船体会产生一点收缩。
这种机械力造成的收缩程度与船体的材料有关。钢制船体的收
缩程度要比木制船体小一点。但是在迈克耳孙的实验中收缩变
化导致的负面影响只取决于运动的速度，而和材料本身的强度
无关。如果那张放镜子的桌子不是用石头做的，而是用铸铁、
木头或者其他材料做的，收缩的程度也是一样的。因此，很明
显，我们遇到的是一种普适效应，它让所有移动的物体都产生
相同程度的收缩。按照爱因斯坦在1905年描述的现象，我们遇
到的是空间本身的收缩，一切物体在以相同速度运动时都会产
生相同程度的收缩，仅仅是因为它们都被限制在同样收缩的空
间里。

　　在前两章我们已经说了足够多的空间性质，它们使上述状态
合理化。为了说得更清楚一些，我们可以想象空间里有一种弹性

---

① 用第一次发现并引进这种概念的物理学家的名字来命名，菲兹杰拉德认为这纯粹是
　运动的一种机械效应。

胶状物，物体在其中有着可见的边界。当空间受挤压、拉伸或者扭转产生变形时，被限制在其中的物体的形状会自动地产生相同的变化。这些物质的变形是由于空间的变形产生的，一定要区别于由于其内部压力和拉力产生的内力导致的变形。图 37 所示的二维空间可能有助于解释这种重要的区别。

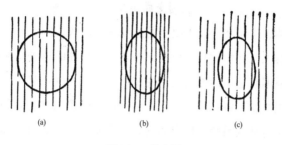

图 37　二维空间

不过，尽管这种宇宙收缩的影响对于理解物理的基础原则来说是很重要的，但在日常生活中却十分不引人注意，因为我们在每天的生活中经历到的能够对我们产生影响的最大速度跟光速比起来也是微不足道的。因此，假如一辆汽车每小时行驶 50 千米，则其长度变成原来的 $\sqrt{1-\left(10^{-7}\right)^2}$ = 0.999 999 999 999 99（倍），也就是说，汽车前保险杠到后保险杠的长度只缩短了一个原子核的直径那么长！一架时速超过 600 千米的喷汽式飞机，其长度只不过减小一个原子的直径那么大，而且就算是飞行速度超过每小时 25 000 千米的 100 米长的火箭，其长度也只不过减小了 1% 毫米。

不过，如果我们假设物体以光速的 50%、90% 和 99% 运动，则其运动时的长度和它们在地面上静止时的长度比起来将分别减小了 86%、45% 和 14%。

这种高速运动物体的相对收缩效应被一位无名的作者写进了一首打油诗中：

> 小伙斐克剑术精，
> 出刺迅捷如流星。
> 由于空间收缩性，
> 长剑变成小短钉。

当然，这位斐克先生出剑的速度一定要快如闪电才行。

从四维几何学的角度出发，一切运动物体的这种普遍收缩是很容易根据时空坐标轴的旋转使物体的四维长度在空间坐标上的投影发生改变来解释的。事实上你一定还记得在之前的部分讨论过的，从运动的系统上作出的观察一定要用空间和时间轴都旋转一定角度的坐标系来描述，旋转的角度大小取决于运动速度。因此，如果在静止系统中，四维距离是百分之百地投影到空间轴上的［见图38（a）］，那么它在新的时间轴［见图38（b）］上的空间投影就会短一些。

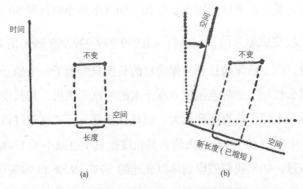

图38　静止系统中四维距离的投影

需要记住的一点是：所求的缩短长度完全只和两个系统的

相对运动有关。如果我们认为一个物体相对于第二个系统而言是静止的，那么在这个新空间轴上的投影则用长度不变的平行线表示，在原有的空间轴上的投影则缩短同样的倍数。

因此没有必要去说明两个系统哪一个是"真的"在运动，这没有什么物理意义，真正起作用的只是它们在相对地运动。因此，如果未来有两艘"星际通信有限公司"的载人飞船正高速行驶，在地球和土星之间的宇宙空间中相遇，每一艘飞船上的乘客透过窗子看到的另一艘飞船都明显地变短了，然而他们都感觉不到自己所在的飞船变短了。争论哪一艘飞船是"真的"变短了是十分无用的，因为从每一艘飞船上的乘客的视角来看，另一艘飞船都会是变短的，但是自己所在这一艘飞船并没有[1]。

四维时空的理论还让我们明白了为什么运动物体的长度只有在其速度接近光速的时候才会发生缩短。事实上，时空坐标轴旋转的角度大小是由运动系统所通过的距离与相应时间的比值来决定的。如果我们用英尺来衡量距离，用秒来表示时间，那么这个比值不是别的，正是我们常用的表达速度的英尺／秒。因此，在四维世界中时间间隔使用常见的时间单位乘以光速，而决定旋转角度大小的比值是用英尺／秒表示的速度除以用相同单位表示的光速。因此只有当两个系统相对运动的速度接近光速时，旋转角度的变化以及这种变化对距离测量结果的影响才是十分显著的。

---

[1] 当然这只是理论上的情景。事实上，如果真的有两艘飞船按照我们所设想的速度相遇，无论哪一艘飞船上的乘客都完全无法看见另一艘飞船——就算一颗子弹以这个速度的一小部分从步枪中发射出来你都看不见。

在同样的方式下，时空坐标系的旋转不仅影响了长度的测量，也改变了时间间隔的测量。可以证明的一点是，因为四个坐标具有特殊的虚数本质[①]，当空间距离缩短的时候时间间隔将会变大。如果你在高速行驶的车里放一只钟表，它会比在地面上静止的同样的表走得慢，因此在两个连续的嘀嗒声之间的时间间隔会变长。与长度缩短的情况一样，时钟走得慢也是只与运动速度有关的一个普适效应。现代的腕表也好，祖父那个带大钟摆的老式钟表也好，甚至是沙漏，只要运动速度相同，它们走的快慢的程度就是一样的。这种效应当然不局限于我们说的"钟"和"表"这些特别的机械，事实上，一切物理的、化学的或者生物上的过程都以同样的程度慢下来。因此，你在高速行驶的飞船上煮鸡蛋的话，是不会因为你的表走得慢而发生什么危险的；而鸡蛋内部产生的作用效果也相应地慢下来了，所以如果平时你看着表用水煮五分钟鸡蛋，这时你仍然可以看着表用水煮"五分钟"。我们在这里不用火车餐车而是用飞船作为例子，是因为时间的伸长和空间的收缩一样，只有当运动速度接近光速的时候才会变得比较明显。时间伸长的倍数也同样是

$$\sqrt{1-\frac{v^2}{c^2}}$$

即如同空间的收缩，但这里有一点不同：这个倍数不是用作乘数，而是用作除数。如果一个物体高速运动，长度会缩短一半，而时间间隔则会延长两倍。

---

① 如果你愿意的话，也可以说是由于四维空间中毕达哥拉斯公式在时间上发上了变形。

运动系统中时间的速度变慢为星际之旅提供了一个有趣的现象。假设你决定去距离地球 9 光年的天狼星的行星上参观,并且坐上了几乎有光速那么快的飞船。你大概会觉得往返一趟需要至少 18 年,因此你有意携带大量的食物储备。然而,如果你的飞船真的可以几乎用光速行驶,那这种预防完全是多余的。事实上,如果你的移动速度达到了光速的 99.999 999 99%,你的手表、心脏、呼吸、肾脏、消化系统和思考能力都将放慢 70 000 倍,因此从地球到天狼星往返一趟所用的这 18 年(从留在地球上的人的角度来看),在你看来不过只是几个小时。事实上,当你吃完早饭从地球出发,那降落在天狼星某一行星的表面上时正好准备吃午饭,如果你着急的话,吃完午饭你立马返回地球,就可以赶回地球上吃晚饭。不过如果你忘记了相对论的原理,你到家的时候一定会大吃一惊,因为你会发现你的亲友以为你一定还在宇宙空间中的什么地方,他们已经自己吃过 6 570 顿晚饭了!因为你以近乎光速的速度旅行,地球上的 18 年对你来说不过一天而已。

但是如果运动得比时间还要快呢?从另外一首关于相对论的打油诗里可以得到一部分答案:

> 年轻女郎名伯蕾,
> 神行有术光难追。
> 爱因斯坦来指点,
> 今日出游昨夜归。

说真的,如果以接近光速的速度运动可以使时间变慢,那么速度超过光速时就可以倒转时间!另外,由于毕达哥拉斯公式中代数符号的改变,时间坐标会变为实数,这就变成了空间距离,同样在超光速的系统中，所有通过零的长度都变成了虚数，这就变成了时间间隔。

如果这一切是可能的，那么图33中的爱因斯坦只要能想办法获得超光速，那么就真的可以完成把尺子变成闹钟的表演！

但是物理世界虽然疯狂，但却不是这种疯狂，显然可以用一句话简单地概括一下为什么这种黑魔法是不可能的：没有任何物体能以光速或者超光速运动。

这一条基本自然原则的物理学基础，在于大量的直接实验证明，运动物体反抗它本身进一步加速的惯性质量，在运动速度接近光速时会无限增大。因此如果一颗左轮手枪的子弹速度达到了光速的99.999 999 99%，那么进一步加速的阻力相当于一枚12英寸的炮弹；如果速度达到光速的99.999 999 99%时，我们的这颗小子弹的惯性质量就等于一辆满载的卡车。但是无论怎么给这颗小子弹施加作用，我们也永远不能克服让它和光速完全一样的最后一位小数。光速是宇宙中所有运动速度的极限！

3. 弯曲空间和重力之谜

对于前面十多页让读者们读了之后头昏脑涨的四维坐标系的内容，我深表歉意，现在我诚挚地邀请读者朋友们一起漫步于弯曲空间。每个人都知道什么是曲线和曲面，但"弯曲空间"一词是什么意思呢？想象这个概念之所以困难，与其说是由于概念不同寻常，不如说是因为我们可以从外部观察曲线和曲面，而三维空间的曲率必须从内部观察，因为我们就置身其中。为了理解一个三维的人可以设想他所居住的空间的曲率，让我们首先考虑二维的假设情况。在图 39 中，我们可以看到平面和曲面（球面）"表面世界"的二次元科学家，他们在研究自己的二维空间几何学。最简单的几何图形当然是一个三角形，即三条线段连接三个几何点形成的图形。大家一定都记得高中几何课上学过的，任何绘制在平面上的三角形内角和等于 180°。然而，很容易看出，上述定理不适用于在球体表面绘制的三角形。事实上，由两个地理子午线的截面从极点发散形成的球形三角形，以及由它们所切割的平行截面（地理意义也一样），在底部有两个直角，并且可以为 0°~360° 的任何角度。图 39（b）中的两位二次元科学家正在研究一个特殊的例子，即三个角的和等于 210°。因此，通过测量所在二维世界中的几何图形，二次元科学家就算不从外部观察也可以发现它的曲率。

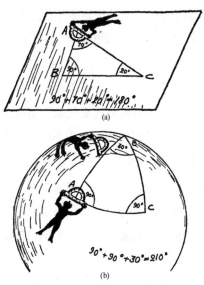

图39 平面和曲面（球面）"表面世界"的二维科学家在检查欧几里得定理的三角形内角和

将上述观察引用到多了一维的世界中，我们很自然地就能总结出，生活在三维空间中的人类科学家不用跳到四维空间去确定这个空间的曲率，只需要测量连接这个空间中三个点的三条直线的夹角即可。如果三角之和等于180°，则说明空间是平面，不然空间一定是弯曲的。

不过在推出进一步的结论之前，我们必须讨论一下关于"直线"一词的准确意义。看过图39中的两个三角形之后，读者们可能觉得平面内的三角形无论哪条边都是直线［图39（a）］，而曲面上的每一边也一定是弯曲的［图39（b）］，是与球面一致的圆弧①。

这样一种基于我们常识性几何概念的说法，将使二次元世界里的科学家失去所有发展其二维空间几何的可能性。直线的概念需要一个更普遍的数学定义，这个定义不仅适用于欧几里得几何学说，而且可以扩展到曲面上和更复杂空间中的直线上去。这样的一个定义可以概括为："直线"就是表示在给定的曲面上或空间中两点之间最短的距离的线。在平面几何中，上述定义当然与直线的一般概念一致，而在曲面等更复杂的情况下则有一组"界限分明"的线，它们在这里起到的作用与欧几里得几何中的普通"直线"相同。为了避免误解，我们经常把表示曲面上最短距离的线称为短程线或测地线，因为这个概念最初是在大地测量学中引入的，大地测量学是测量地球表面的科学。事实上，当我们说到纽约和旧金山之间的直线距离时，我们的意思是"直线飞行距

---

① 大圆是球面被一个通过球心的平面所切割而得的圆。子午圈和赤道均属于这种大圆。

离"，就是沿着地球表面的曲线走，而不是假设有一个巨大的遁地机把地球直直地穿透。

以上这种定义把"广义直线"或者"短程线"看作两点间最短距离，让我们展示一个简单的做这种线的物理方法：在两点间拉紧一根绳。如果你在平面上这样做，你将会得到一根一般的直线；如果你在球面上这样做，你会发现这根绳沿着大圆的弧拉紧，即为球面上的短程线。

用同样的方法就有可能知道我们所生活的三维空间是平整的还是弯曲的。我们要做的就是在空间内的三个点之间拉紧绳子，看看三个夹角之和是否等于180°。但是做这个实验的时候要注意两点。一是这个实验要在大范围内进行，因为曲面上或者弯曲空间内的微小部分在我们看来可能显得十分平坦；显然我们不能用测量后花园得到的结果来确定地球表面的曲率！二是弯曲空间或者曲面有些部分是平的，有些部分是弯曲的，因此有必要找到普适的测量方法。

有个不错的想法，是包含在爱因斯坦的广义弯曲空间理论中的一个基础假设，说的是：物理空间是在巨大的质量的附近变弯曲的，质量越大则曲率越大。为了通过实验证明这个假设，我们可能要在一座大山上环山钉三个木桩，在木桩之间拉伸绳子，然后测量三个木桩间绳子的夹角（见图40）。选择你能找到的最大的山——甚至是喜马拉雅山——你会发现，你的测量在允许误差之内，无论在哪里测得的三个角的和最终都是180°。但是，这个结果并不意味着爱因斯坦是错的，而且并不能表明大质量物体的存在不会使它们周围的空间弯曲。或许即使是喜马拉雅山也不足以使其周围的空间弯曲到用我们最精密的仪器可以测量出来的程度。大家应该还记得伽利略试图用他的遮光灯来测量光速的那次失败吧（见图40）！

图40 测量夹角

所以你不要气馁，一定要用更大的物体再试一次，比如太阳。

看，这就成功了！你会发现，如果你在地球上找一个点拉紧一根绳，拉到另一颗恒星上，再拉到第三颗恒星上，然后拉回地球上的起点，这三个点围成的三角形要把太阳圈在里面，这时三个角度之和很明显和180°不同。如果你没有适用于这个实验的足够长的绳子，可以用一束光线代替，哪一点都和绳子一样好，而且光学告诉我们光总是走最短的路线。

这个测量光线形成的角度的实验原理示意如图41所示。位于太阳两侧（进行观测时）的恒星 S_I 和 S_II 射出的光线会进入用来测量它们之间夹角的经纬仪，然后在太阳偏离方向时重复实验，并对两个角度进行比较。如果它们有所不同，那么就证明了

图 41　实验原理示意

太阳的质量改变了它周围空间的曲率，让光线偏离了它原有的轨迹。这个实验最开始是爱因斯坦为了证明他的理论提出的。读者们可以通过对照图 42 所示的类似的二维分析来更好地理解这种情况。

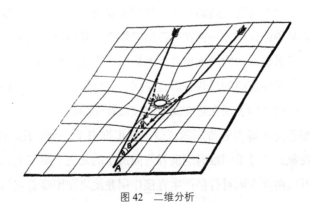

图 42　二维分析

但显然在正常情况下进行爱因斯坦的这项实验是有一个实际障碍的：因为太阳圆盘的光芒，我们看不到它周围的星星，但是日全食的时候，就算在白天也可以清清楚楚地看见星星。根据这个事实，1919 年一支英国天文学远征队到达普林西比群岛（非洲西部），正好发生了适合观测的日全食，他们发现两颗恒星之间的角距离在它们之间有太阳和没有太阳的情况下相差 1.61″ ± 0.30″，之前爱因斯坦的理论计算值是 1.75″。后来很多次观测又证实了相同的结果。

当然，对于一个角来说 1.5″ 这个角度不算大，但是已经足以证明太阳的质量对它周围的空间产生了使其弯曲的作用。

如果我们可以用其他质量更大的恒星来代替太阳，那么欧几里得关于三角形内角和的定理就会出现几分甚至几度的错误。

对于一个内部的观察者来说，要花一些时间和大量的想象力去适应关于弯曲的三维空间的概念，不过一旦你明白了，它会和任何其他经典理论的概念一样清楚明确。

为了完全弄明白爱因斯坦关于弯曲空间的理论以及其与万有引力这个根本问题之间的联系，我们需要进行更重要的一步。为此我们必须记住刚才一直在讨论的三维空间是四维时空世界的一部分，后者是一切物理现象发生的场所。因此弯曲空间只不过是四维时空世界弯曲的反映，而且光线和这个世界的实物在四维世界线上的运动的表现在超空间中都应被看作曲线。

根据这个观点看待问题，爱因斯坦推出了一个非凡的结论：重力现象只不过是四维时空世界弯曲产生的效应。事实上，我们现在可以抛弃太阳对行星产生直接作用并使之在围绕着它的圆形轨道上运动这个不再适用的老观点。更准确的说法应该是：太阳的质量弯曲了它周围的时空，而行星的世界线只不过是穿过弯曲空间的测地线，如图 30 所示。

因此，按照我们的推理，重力作为独立力存在这种概念就完全不存在了，取而代之的是：在纯粹的空间几何学中，所有实物都在其他巨大质量的存在所造成的弯曲空间中沿着"最短的线"或者测地线运动。

4. 封闭空间和开放空间

在对本章进行总结前，我们不能不讨论一下爱因斯坦时空几何学中另外一个重要的问题：宇宙到底是有限的还是无限的？

到目前为止，我们一直在讨论大质量周围局部空间的弯曲，好像许多"空间粉刺"分散在这张巨大的宇宙"脸"上。但是，除了这些局部的偏差以外，宇宙的脸是平坦的还是弯曲的？如果是弯曲的，又是怎样弯曲的呢？图 43 给出了一个长着"粉刺"的平面空间的二维图示，还有两个有可能存在的弯曲空间的类型。所谓的"正曲率"空间，即对应于一个球体或其他任何一个闭合的几何图形的表面，不管向哪个方面发展都是以"相同的方式"弯曲的。与之相反的"负曲率"空间在一个方向上向上弯曲，但在另一个方向上向下弯曲，其表面大概类似于一个马鞍。如果你切两块皮子，一块从足球上切，一块从马鞍上切，然后试着把它们在桌子上展平，你会发现这两种不同曲率的不同之处很容易分清楚。你还会注意到这两块皮子都是无法被展平的，不是被拉长就是有褶皱，然而足球一定是被拉伸的那个，而马鞍则是有褶皱的那个。足球块要压平的话中心周围的皮料不够；马鞍块则是皮料太多了，当我们试图使其平整光滑时，它就会产生褶皱。

　　我们可以换个说法说明同样的观点。假设我们从某一点起数一数周围 1 英寸、2 英寸、3 英寸等范围内（沿表面计数）"粉刺"的数量。在一个没有曲率的平面上，"粉刺"的数量会以距离的平方数增长，即 1、4、9，等等。在一个球形的表面上，"粉刺"的增长要比平面上慢一些，而在一个马鞍形的表面上则要快一些。因此生活在二维表面上的二次元科学家，就算没有办法从外面观察它的形状，仍然可以通过计算不同半径的范围内"粉刺"的数量来观察它的弯曲。另外，在这里我们还可以注意到正、负两种曲面上的三角形表现出不同的角度和。就像我们在前一部分的学习中看到过的球面三角形的内角和总是大于 180°。如果你在马鞍形表面上尝试画一个三角形，你会发现三角之和总是小于 180°。

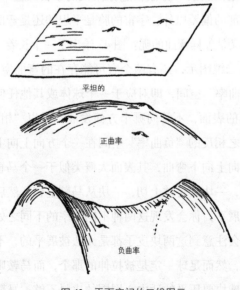

平坦的

正曲率

负曲率

图 43　平面空间的二维图示

上述在弯曲表面上得出的结论可以推广到三维空间中去，得到表3。

表3　三维空间中弯曲表面的结论

空间类型	远距离行为	三角形内角和	球体体积增长
正曲率（类球面）	自行封闭	＞180°	慢于半径的立方
平面（类水平）	无限伸展	=180°	等于半径的立方
负曲率（类马鞍形）	无限伸展	＜180°	快于半径的立方

该表可以用于为我们所生活的宇宙究竟是有限的还是无限的这个问题寻找答案——这个问题将在研究宇宙大小的第十章中加以讨论。

第三部分
微观世界

第六章 下降楼梯

1. 希腊思想

在分析各种物体的性质时，先从一些"正常尺寸"的熟悉物体入手是个很不错的方法，然后逐步深入它的内部结构，从而寻求人们肉眼看不到的物质特性。那么现在我们从餐桌上的一碗蛤蜊杂烩开始讨论，我们选择蛤蜊杂烩作为开始倒不是因为它的美味和营养，而是因为它是一个为人熟知的混合物例子，甚至不用显微镜你就能看出它是由大量不同成分组成的混合物：小蛤蜊片、洋葱片、西红柿，还有芹菜、土豆丁、胡椒粒、肥肉末和加了盐的水。

我们在日常生活中遇到的大多数物质，尤其是有机物，都是混合物，虽然大多数时候我们需要借助显微镜才能确认事实。比如，只用一个低倍放大镜就能让你看出牛奶是一种由一些小滴奶油悬浮在均匀的白色液体中形成的乳状液体。

在显微镜的观察下，普通的园林土壤是由石灰石、高岭土、石英、氧化铁等矿物和盐类微小颗粒与各种来自腐朽植物和动物的有机物混合而成的精细混合物。那么，如果我们把一块普通的花岗岩表面打磨抛光，我们应该可以一下子就看到这个石头是由三种不同的晶体（石英、长石和云母）牢固地结合在一起而形成的固体。

在我们对物质内在结构的研究中，分析混合物质的构成只是第一步，就像是一台正在下降的楼梯所到达的第一层，在这种情况下，我们可以准确地对混合物中的每种均质成分进行研究。比如一段铜丝、一杯水或者房间内的空气（当然不考虑悬浮的灰尘在内）这样非常均匀的物质，即使用显微镜也观察不出一丝它们是由不同物质组成的迹象，而且它们的内部成分始终是均匀而连续的。的确，几乎每种像铜丝这样的固态物质（除了玻璃制品一类的非晶体外），在高倍放大镜下都会显示出所谓的微晶结构，但我们在均质材料中看到的单晶体都是同一类型的——铜丝中的铜晶体、铝锅中的铝晶体等——就像在一团压缩得很紧的食盐中只能找到氯化钠晶体一样。利用一种特殊的技术（慢结晶），我们可以把食盐、铜、铝或者任何其他均质物质的结晶体积增大，并且这种"单晶"物质像水或玻璃一样均质。

我们能否通过肉眼或者最好的显微镜进行观察，并以此作出合理的假设呢？是否可以假设这些均匀的物质无论被放大多少倍都不会变样呢？换句话说，我们能不能相信无论这一块铜、一粒盐有多小，或者我们的水有多么少，它们都和大体积物质拥有同样的性质，而且总是可以进一步细分成更小的部分呢？

第一个提出并且试图解答这个问题的人是大约2 300年以前居住在雅典的古希腊物理学家德谟克利特。他的答案是否定的，他更倾向于相信：无论所给物质看起来多么均匀，都是由大量（他不知道具体多大）独立的非常小（他也不知道多小）的粒子组成的，他称之为"原子"或"不可分割物"。这些原子或者不可分割物，在各种各样的物质中数量不同，但各种物质的性质不同只是表象，而不是本质。事实上火的原子和水的原子是一样的，不同的只是表现形式。所有物质都是由相同的特定原子组成的。

与此观点不同的是一个与德谟克利特同时代名叫恩培多克勒的人，他认为有很多种不同种类的原子以不同的比例混合，形成了各种各样的已知物质。

根据当时已知而尚不完备的基本化学事实进行推理，恩培多克勒对应着四种不同的所谓基本物质提出四种不同类型的原子：石头、水、空气和火。

按照这个观点，用土举例，土壤是由紧密结合在一起的石头原子和水原子混合在一起，混合得越好，土质就越好。生长在土中的植物把石头原子、水原子和从太阳照射中获得的火原子结合在一起，形成木头的复合分子。当水分子蒸发后，木头就成了干柴，干柴的燃烧被看作把木分子变成原来的火原子和土原子的分解；火原子由火焰排除，剩下的土原子就是灰烬。

我们知道这样去解释植物的生长和木头的燃烧，在科学发展的萌芽期看似合乎逻辑，但实际上却是错误的。现在我们知道，植物生长所需要的大部分物质并不像古代人和一些现代人所想的那样来自土壤，而是来自空气。土壤本身，除了作为支撑和保存植物生长所需水分的水库以外，只提供一小部分植物生长所必需的盐类，实际上，只需要顶针那么小的一块土地就可以种出一株像玉米那么大的植物。

事实上空气是氮气和氧气的混合物（而且并不是古人所想的那种简单的基本组成），另外也含有一定量的由氧原子和碳原子组成的二氧化碳。在阳光的作用下，植物的绿叶以大气中吸收来的二氧化碳与根系吸收来的水分，反应生成各种有机物用以构成植物本身，产生部分氧气排回到大气中，所以事实上在"室内种绿植可以让空气变新鲜"是有道理的。

木头燃烧时，木头分子再次和空气中的氧气结合，在火焰中重新变成二氧化碳和水蒸气分解出来。

至于古人曾认为的可以进入植物的物质结构的"火原子"，其实是不存在的。阳光只提供分解二氧化碳分子所需的能量，从而形成这种可以在植物的生长过程中被消化的气体养料；并且，因为火原子并不存在，显然他们所说的"逸出"并不是火产生的原因；火焰是一股被加热的气体物质，其由于在燃烧过程中释放出能量而变得可见。

现在让我们用另一个例子来说明古代化学和现代化学观点的不同。当然，你肯定知道各种金属是通过在高温熔炉里熔炼相应的矿物所得到的。刚开始的时候这些矿石和其他普通的岩石看起来没有什么不同，因此古代的科学家简单认为这些矿石和其他石头一样由石头原子组成是意料之中的事。然而当他们把一块铁矿石放进烈火中时，他们发现有和普通石头完全不同的东西产生了——一种可以制造上好的刀和矛头的坚硬且有光泽的物质。用最简单的方式去解释这种现象就是金属是由石头和火结合而成的——换句话说，金属原子结合了石头原子和火原子。

因此大体上所有的金属都可以被这样解释，他们解释说不同的金属之所以有不同的性质，比如铁、铜和金，是因为组成它们的石头原子和火原子的比例不同。显然闪闪发光的黄金比黑色的铁含有更多的火原子，不是吗？

但是如果真的是这样的话，那为什么不再往铁里加入更多的火原子，或者不如干脆往铜里加火原子，这样不就能让它们变成贵重的黄金了吗？因此，中世纪那些炼金术士在烟雾缭绕的炉子上耗费了他们大部分的生命，毕生都企图用更便宜的金属来制造"合成黄金"。

从他们的观点来看，他们所做的事情就和现在的化学家致力于找到一种生产人造橡胶的方法一样有道理。他们的理论与实践上的谬误都在于他们认为黄金和其他金属是合成的，而不是基本物质。

但是不通过实验，又怎能知道哪些是基本物质，哪些是合成物质呢？如果不是这些早期化学家试图将铁或铜变成金或银的徒劳，我们可能永远不会知道金属就是基本的化学物质，含金属的矿石是由金属原子和氧结合而成的复合物（现代化学家称之为金属氧化物）。

铁矿石在炼铁炉的高温下变成金属铁的过程并不是像古代化学家所想的那样是原子的结合（石头原子和火原子），实际上恰恰相反，这是不同原子分离的结果，也就是说，从金属氧化物的复合分子中除去了氧原子。暴露在潮湿空气中的铁制物表面之所以会出现铁锈，并不是铁在分解过程中失去了火原子而剩下了石头原子，而是空气或者水中的氧原子和铁原子结合产生了金属氧化物的复合分子[1]。

　　显然，从以上的讨论中可以得出古代科学家对物质内部结构以及化学变化本质的解释基本上是正确的，他们的错误在于对基本物质概念理解有误。事实上恩培多克勒所列出的四种物质没有一个是基本的；空气是几种不同气体的混合；水分子由氢原子和氧原子组合而成；岩石的组成非常复杂，包含了大量不同的基本物质；火原子根本就不存在[2]。

　　实际上自然中存在着不止 4 种而是 92 种不同的基本化学元素，即 92 种原子。其中一些元素，像氧、碳、铁和硅（大部分岩石的主要组成元素）等在地球上大量存在，而且对每个人来说都很熟悉，其他的则非常少见。你可能从来也没有听过像镨、镝或镧这样的基本元素。另外除了这些天然的基本元素以外，现代科学还造出了一些全新的人工化学元素，在本书的后面会提到它们，其中有一种叫钚，无论是用于战争还是和平，它都在原子能的释放上起到重大作用。将这 92 种基本原子以不同比例结合，

---

[1] 因此，炼金术士可以用公式表示铁矿石的加工过程：
　　　　　　石头原子＋火原子→铁分子
　　　　　　（矿石）
　　铁的生锈过程则是：
　　　　　　铁分子→石头原子＋火原子
　　　　　　　　　　（锈）
　　同样的过程我们的写法是：
　　　　　　铁的氧化物分子→铁原子＋氧原子
　　　　　　（铁矿石）
和
　　　　　　铁原子＋氧原子→铁的氧化物分子
　　　　　　　　　　　　　（铁锈）
[2] 稍后我们将会在这章中看到，火原子的概念在光量子的理论中得到了部分恢复。

就组成了无穷无尽的各种化学物质，比如水和黄油、食用油和石油、石头和骨头、草药和 TNT 炸药，还有很多其他像三苯基吡啶氯化物和甲基异丙基环己烷族这样为化学家们所熟知，而大多数人一生可能连读都不会去读的物质。目前，关于总结化合物的制备方法和性质，包括有关原子间无穷尽的组合情况的化学手册正在一卷接一卷地被编写着。

2. 原子到底有多大

德谟克利特和恩培多克勒在认识到原子的存在时已经隐约意识到，从哲学的观点来考虑，物质不可能无限次分裂，终归会变成一个无法再分裂的基本单元。

当现代科学家谈论原子时，他们的意思就清晰很多了。因为关于基本的原子以及它们复杂的分子组成的精确的知识对于理解化学的基本原则来说是十分必要的，不同的化学元素只以严格的质量比例结合，这一比例能够明显地反映出这些物质中独立原子的相对质量。因此化学家们得出了结论，比如氧原子、铝原子和铁原子的质量分别是氢原子的 16 倍、27 倍和 56 倍。然而，不同元素的相对原子质量是最重要的基本化学信息，而用克表示的原子的实际质量，在化学工作中却没有什么存在感，这些实际质量不会对化学事实、定律和方法的应用产生任何影响。

但是，当一位物理学家研究原子时，他首先就要问："原子的真实尺寸是多少？它重多少克？在一定量的物质中到底有多少独立的分子或者原子？有没有什么方法可以一个一个地观察、计量和操纵单个的分子或原子？"

估算原子和分子大小的方法有很多，其中一种既简单又容易操作，如果德谟克利特和恩培多克勒当时碰巧想到了这种方法，即便没有现代化的实验仪器也能付诸实践。既然一种物质，比如一根铜丝，它的最小的组成单元是原子，那么显然就不能使之变得比原子的直径还小。因此可以尝试着去拉伸这根铜丝，直到它变成一根由单个原子组成的长链，或者我们可以用锤子把它砸成一个铜原子直径那么厚的铜片。但这个实验不管是对铜丝还是对任何其他的固体物质都是几乎不可能做到的，因为在达到理想的最小厚度之前物质不可避免地会发生断裂。但是液体物质，比如水面上的一层薄薄的油，可以很简单地像毯子一样铺开成单原子层，也就是说，在它的分子中，"单个"分子水平地连接在一起，但没有一个分子垂直地摞在另一个分子之上。只要读者们感兴趣并且耐心，就可以通过这个简单的方法测出油分子的大小。

拿一个浅长的容器（见图44），把它放在桌子或地板上使其绝对水平，向其中加水直到边缘，然后在上边横搭一根可以接触到水面的金属丝。如果你现在向金属丝的一侧滴上一小滴某种纯油物质，那么油将会布满你所滴的那一侧的水面。如果你现在沿着容器的边缘移动那根金属丝，油会跟着一起动，油层将会随着金属丝的移动扩散并且变薄，而且油层最后一定会变得和一个单个油分子的直径一样厚。当达到这个厚度后，金属丝的任何移动都会破坏这层油膜的连续性，露出下面的水来。知道滴入的油量和油膜破坏前所能展开的最大面积，你就能轻松地计算出单个分子的直径。

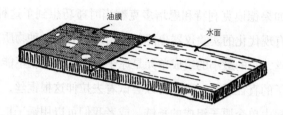

图 44　当拉伸过大的时候水面上的油膜就会被破坏

在做这个实验的时候，你可能会观察到另外一个有趣的现象。当刚把油滴在水面上的时候，你首先注意到的是油面是熟悉的彩虹色，你可能很熟悉这种颜色，因为在船只往来频繁的港口的水面上经常可以看到。这是光线在油层上、下两个界面上的反射光相互干涉的结果，由于油层在扩散过程中各处厚度不均匀，从而产生了不同的颜色。如果你多等一会儿，等到油层变得均匀，整个油层将会变成同一种颜色。随着油层变薄，颜色渐渐地从红色变成黄色，从黄色变成绿色，再从绿色变成蓝色，从蓝色变成紫色，颜色的变化与波长减小的光线一致。如果我们继续扩大油层的面积，那么颜色将会完全消失。但这并不意味着油层也消失了，只因油层的厚度已经比可见光中最短的波长还小，而且它的颜色已经超出我们的视觉范围。即便这样，你仍然可以分辨出油层和干净的水面，因为从一个非常薄的油层上、下表面反射的两束光会相互干涉，导致光的强度降低。因此即使颜色消失了，在反射光的作用下，仍然可以通过油面比干净的水面看起来"昏暗"来区分二者。

实际操作过这个实验后，你会发现 1 立方毫米的油可以覆盖大约 1 平方米的水面，但是如果试着把油膜拉得更大，就会导致

有水面露出来 [①]。

3. 分子束

在气体或者蒸汽通过小孔涌向四周真空环境的研究中，人们发现了另外一个可以演示物质具有分子结构的有趣方法。

假设我们有一个高真空的大玻璃灯泡（见图45），里面放着一个小电炉，电炉是由黏土制成的圆筒，上面缠有电阻丝以提供热量，筒壁上开有一个小孔。如果我们在圆筒里放一些像钠或者钾一样的低熔点金属，电炉内部就会充满金属蒸气，它们会从筒壁的小孔逸出到周围的空间里。与玻璃灯泡的冷壁接触后，蒸气会附着在玻璃灯泡的内壁上，形成薄薄的像镜子一样的沉积，这样就可以看到物质从电炉中逸出后的运动形式。

再进一步研究，我们会发现在不同的电炉温度下玻璃壁上金属膜的形态也不同。当电炉的温度很高时，内部的金属蒸气密度很大，这时所看到的景象跟水蒸气从茶壶或者蒸汽机里喷出来的常见景象一样。从小孔里逸出后，金属蒸气向各个方向扩散［见图45（a）］，充满整个玻璃灯泡，在整个外表面形成均匀的沉积物。

---

① 那么，油膜在裂开前能有多薄呢？为了引入计算，设想一滴1立方毫米的油为一个立方体，那么立方体每个面的面积为1平方毫米。为了在1平方米的面积上拉伸原来的1立方毫米油，与水面接触的1平方毫米油立方体的表面必须扩大到100万倍（从1平方毫米增加到1平方米）。因此，为了保持总体积不变，原始油立方体的竖向尺寸必须减小到100万分之一。这就给了我们油膜厚度的极限，即油分子的实际尺寸，这个值大约是 0.1 厘米 $\times 10^{-6} = 10^{-7}$ 厘米 $= 1$ 纳米。由于一个油分子中包含着许多原子，所以原子的尺寸更小一些。

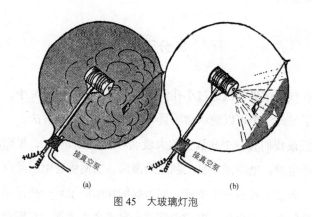

图 45　大玻璃灯泡

　　但是当电炉的温度较低时，电炉内的金属蒸气密度也低，这时的现象将会完全不同。从小洞里逸出的物质不再向各个方向扩散，而是沿着一条直线运动，并且大部分都沉积在电炉小孔对着的玻璃内壁上。当在开口前面放一个小物体的时候［见图 45（ｂ）］这种现象格外明显。物体后面的玻璃内壁上不会有任何沉积，并且沉积空白的这块区域的形状和障碍物的形状完全一致。

　　如果你们还记得蒸气是由大量分散的分子在空间中向各个方向运动并且连续不断地相互碰撞产生的，那么高温和低温状况下蒸气逸出所表现出的差异就很容易理解了。当蒸气密度大时，可以把从小孔中逸出的蒸气比作从一座着火的剧院出口疯狂逃窜的人群，从出口逃出以后，人群在街上四处散开并互相碰撞；而密度小的时候，这就好像一次只有一个人从出口逃出，所以一直往前走，不会受到任何干扰。

　　从小孔排出的小蒸气密度的物质流被称为"分子束"，是由大量独立的分子并排地在空间中飞行所形成的。这种分子束在研究单个分子的性质时是非常有用的，比如可以用它来测量热运动的速度。

最早发明出研究分子束运动速度装置的是美国物理学家奥托·斯特恩，该装置与菲索测量光速的装置基本相同（见图31）。它包括安装在同一根轴上的两个齿轮，这样的安排使得只有旋转的角速度相当的分子束才能通过（见图46）。斯特恩用一个隔膜截取一束很细的分子束，通过这样的装置可以证明分子运动的速度一般很大（钠原子在200℃时的速度为1.5千米/秒），并且随着气体温度的升高而增加，这就直接证明了热动力学理论。根据这个理论，物体热量的增加就是分子不规则运动性的增强。

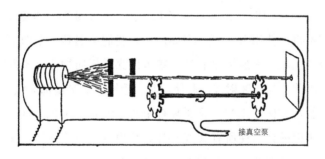

图46　研究分子束运动速度的装置

4. 原子摄影

尽管上面的例子不存在任何影响原子假说正确性的疑点，但仍然只有"眼见为实"才能证明它是正确的，最令人信服的证据莫过于人们亲眼看到原子和分子的存在。这种视觉证明已经由英国物理学家威廉姆·劳伦斯·布拉格实现了，他发明了一种方法来获取不同晶体中不同原子和分子的照片。

　　但不要认为拍摄原子照片是一个简单的工作，因为给那么小的物体拍照的时候要确保光照的波长小于拍摄对象，不然照片就会模糊得一塌糊涂。用刷墙的刷子是没有办法画出波斯微型画的！研究微小的显微组织的生物学家很了解这一点，因为细菌的大小（约 0.000 1 厘米）与可见光的波长差不多。为了提高细菌在图像中的清晰度，他们在紫外光下拍摄了细菌的显微照片，由此获得了可能比通过其他方法所获得的照片都要清晰的影像。但是分子的大小和它们在晶格中的间隔是非常小的（0.000 000 01 厘米），以至于当要求它们"坐"下来拍照时，无论可见光还是紫外光都没有任何用处。为了单独观察到分子，我们必须使用波长比为可见光几千分之一的射线，也就是说，我们不得不使用 X 射线。但如此一来我们会遇到一个似乎无法克服的困难：一般情况下 X 射线可以穿透任何物体且不发生折射，因此，当与 X 射线一起使用时，透镜和显微镜都无法工作。这种特性在医学上当然是非常有用的，因为光线在穿过人体时发生折射的话会使所有 X 光底片一片模糊，但这种特性又消除了任何通过 X 射线得到放大图片的可能性。

　　乍一看，似乎没戏了，但布拉格找到了一个非常巧妙的方法以摆脱困境。他以阿贝（Ernst Abbe）显微镜数学理论为基础，即任何微观图像都可以被视为大量独立图样的重叠，而每个单独图样又是一幅在视线范围内成一定角度的平行暗带。图 47 所示就是一个简单的例子，它展示了如何通过四个单独的带状图样重叠得到一个位于黑暗背景中央的明亮椭圆图像。

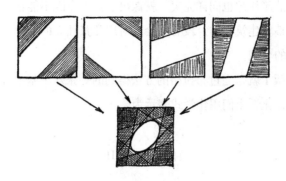

图 47　布拉格方法的一个简单的例子

根据阿贝的理论，显微镜工作的过程是这样的：（1）将原始图像分割成大量单独的带状图样；（2）分别放大每个单独的带状图样；（3）再次重叠这些带状图样从而获得放大后的图像。

这个过程可能与使用若干单色板印刷彩色图片的方法有些类似。只看每一幅单独的彩图，你可能分辨不出这些图展示了什么，但只要它们以适当的方式重叠，整个画面就会变得明确且清晰。

制造一个能够全部自动执行这些步骤的 X 光透镜是不可能的，所以我们不得不逐步进行：先从各种不同的角度对晶体拍摄大量单独的 X 光带状图样，然后再将这些图样用一个适当的方式在相纸上重叠。这就和有 X 光透镜的效果是一样的，只不过透镜只需一瞬间就可以做到的事，在这里却需要花费一位熟练的实验人员很多个小时。这就是为什么使用布拉格的方法只能拍摄晶体的照片，因为晶体分子总是原地不动，而由于液体和气体的分子在不停地四处运动和碰撞，因此没法被拍下来。

虽然布拉格拍照片的方法不是轻按一下相机按钮那么简单，

但合成的照片却也同样完美。就像出于技术原因不能在一张底片上拍下整座建筑一样，没有人会反对用几张独立的照片拼出一座大教堂的全貌。

图版Ⅰ就是通过布拉格的方法得到的一张六甲基苯分子的 X 光照片，化学家们用化学式表示为

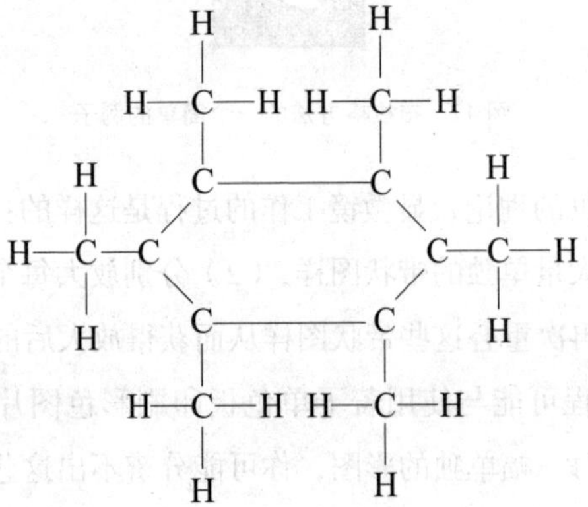

```
              H          H
              |          |
        H—C—H  H—C—H
              |          |
        H     C          C     H
        |     |          |     |
        H—C—C          C—C—H
              |          |
              C          C
              |          |
        H—C—H  H—C—H
              |          |
              H          H
```

我们从图版Ⅰ中可以很清晰地看到由 6 个碳原子组成的碳环和另外 6 个与它们连接的碳原子，然而相对较轻的氢原子却几乎是不可见的。

即使是怀疑主义者，在亲眼看到这些照片之后，也会同意分子和原子的存在已经被证实了。

5. 解剖原子

德谟克利特给原子起的名字在希腊语中意为"不可分割的"，他的意思是这些粒子是物质分解的极限，换句话说，原子是组成

物质的最小单元。几千年过后，"原子"这个以往的哲学思想已经有了精确的科学内容，它已被大量的实验证据所充实，成了有血有肉的实体。与此同时，原子不可分割的概念依旧存在，人们设想各种元素的原子之所以拥有不同的性质是因为它们的几何形状不同。比如，氢原子被认为是接近球形的，而钠原子和钾原子则被认为是细长的椭球体。

另一方面，氧原子被认为是一个类似甜甜圈形状，但是在中心位置有个封合面，因此可以通过把两个球形氢原子放入氧原子两边的凹槽中（见图48）形成一个水分子（H_2O）。而钠原子和钾原子可以取代水分子中氢原子的原因可以被解释为，钠和钾的细长椭球形原子比氢的球形原子更适合放在氧原子两侧的凹槽中。

图48　水分子的形成及氢原子的置换

根据这些观点，不同元素发出的光谱差异被归因于不同形状的原子振动频率的差异。基于这种想法，物理学家们曾试图根据观察到发光元件的原子所发出的光的频率得到原子形状，但都未能成功。这与我们在声学中解释小提琴、教堂钟和萨克斯管发出的不同声音的方法是一样的。

　　然而，这些试图通过原子的几何形状来解释各种原子的化学和物理性质的尝试，没有任何实质性进展，真正理解原子性质的第一步是从人们意识到原子不是各种几何形状不同的简单物体，而是具有大量独立运动部件的复杂机构开始的。

　　在解剖原子精细躯体的复杂手术中，第一刀的荣誉属于著名的英国物理学家汤姆森，他能够证明各种化学元素的原子都包含带正电的和带负电的部分，并且靠电引力结合在一起。汤姆森假设一个原子由若干个正电荷组成，其内部浮动着大量带负电的粒子（见图 49）。负粒子或他称之为电子的粒子携带的电荷总和等于总的正电荷，所以原子总体上是电中性的。但是，因为他假设电子与原子体的结合相对宽松，所以它们可以被去除，留下一个带正电荷的原子残留物，称为正离子。另一方面，有的原子设法从外部获得额外的电子从而获得了多余的负电荷，称为负离子。向原子传递多余的正电或负电的过程被称作电离。汤姆森的观点以迈克尔·法拉第的经典实验观点为基础，法拉第证明了无论何时，原子携带的电荷数量一定是静电单位 5.77×10^{-10} 的整数倍。同时，在此基础上，汤姆森又通过发明从原子中得到电子的方法，以及对高速飞行通过空间的自由电子束的研究，确立了电子是一个个独立的粒子这一观点。

图 49　汤姆森的假设

　　汤姆森对自由电子束的研究还有一个十分重要的结论，就是对它们质量的估计。他通过强电场将一束电子从热电线等材料中提取出来，射入带电电容器两片极板之间的空间（见图 50）。由于带负电荷，或者更准确地说，由于自由电子本身就是负电体，电子束的电子被正极吸引而被负极排斥。

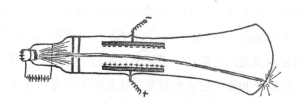

图 50　提取电子

通过让光束落在聚光镜后面的荧光屏上，可以很容易地观察到光束的偏转。知道一个电子的电荷和它在给定电场中的偏转，就有可能估算出它的质量，最终发现这个数值确实很小。事实上，汤姆森发现一个电子的质量是氢原子质量的小 $\dfrac{1}{1\,840}$ 倍，这说明原子质量的主要部分包含在带正电荷的部分。

汤姆森关于原子内部运动的负电子群的观点是完全正确的，但是他对正电荷在原子内部均匀分布这个看法却与事实相去甚远。1911 年，卢瑟福指出，原子的正电荷及其质量的最大部分集中在原子中心的一个极小的原子核内。他通过著名的"阿尔法（α）粒子"在穿过物质时发生散射的实验得到这一结论。这些 α 粒子是某些沉重的不稳定的元素（如铀或镭）自发分解时放出的微型高速粒子，并且因为证明了它们的质量是和原子的质量相似且携带正电荷的，它们被看作原始的原子中带正电部分的碎块。当 α 粒子穿过目标材料的原子时，它受到原子中电子吸引力和原子中正电部分的排斥力的双重影响。但是，由于电子非常轻，它们对 α 粒子入射运动的影响不会比一群蚊子对一头受到惊吓而奔跑的大象的影响更大。另一方面，原子的大量正电荷与入射 α 粒子的正电荷相互排斥，使后者偏离了其正常轨道，并向各个方向散射，但这个前提是它们离得足够近。

研究一束 α 粒子穿过薄铝膜发生的散射时，卢瑟福得到了令人惊讶的结论，为了解释观察到的结果，必须假设 α 粒子与原子的正电荷之间的距离小于原子直径的千分之一。当然，只有当入射粒子和原子的正电荷部分都是原子本身的几千分之一时，这才有可能发生。因此，卢瑟福的发现将汤姆森原子模型推翻了，原本广泛存在的正电荷缩小到原子最中心的一个小原子核中，留下大量的负电子在原子外面。这样一来，原子的图像就不再像一个由电子充当种子的西瓜，取而代之的更像一个微型太阳系，太阳就像原子核，行星就像电子（见图 51）。

图 51　卢瑟福的原子图像

与太阳系的相似通过下述事实进一步加强：原子核占整个原子质量的 99.97%，相比之下，太阳占整个太阳系质量的 99.87%，当我们比较行星间的距离和行星的直径时，我们发现行星间的距离要超出它们的直径相同的倍数（几千倍）。

然而，更重要的相似之处在于，原子核和电子之间的电引力与太阳和行星之间的重力都遵循相同的平方反比数学定律[1]。在

① 也就是说，力与两个物体之间距离的平方成反比。

这种类型的力的作用下，电子围绕原子核的运动形成了圆形或椭圆形轨道，类似于行星和彗星在太阳系中的运动轨迹。

根据前面关于原子内部结构的观点，各种化学元素的原子之间的差异主要取决于绕原子核运动的电子数的不同。因为整个原子是中性的，电子绕着原子核的数量一定是由原子核本身的正电荷这个基本数字决定的，而这一数字又可以直接从观测到的 α 粒子散射中估算出来，这些粒子由于原子核之间的相互作用而偏离轨道。卢瑟福发现，在按原子质量递增顺序排列的自然化学元素序列中，每个元素中的原子都比前一元素增加一个电子。因此，一个氢原子有 1 个电子，氦原子有 2 个电子，锂原子有 3 个电子，铍原子有 4 个电子，等等，最重的天然元素——铀原子有 92 个电子[①]。

这种表示原子的数值通常被称为元素的原子序数，它与化学工作者根据元素的化学性质对元素进行排列的表中的位置数一致。

因此，任何一种元素所拥有的物理性质和化学性质，都可以简单地用其围绕原子核旋转的电子数解释清楚。

19 世纪末，俄国化学家门捷列夫注意到按自然顺序排列的元素，它们的化学性质具有一定的周期性。他发现某些性质在经过一定数量的元素后开始重复。这种周期性在图 52 中以图形形式表示，其中所有目前已知元素的符号都在绕着圆柱体表面的螺旋带上，这样位于同一列的元素有着相似的性质。我们可以看

---

① 既然我们已经学会了"炼金术"（见下文），我们就可以人工制造出更复杂的原子。原子弹中使用的人工元素钚有 94 个电子。

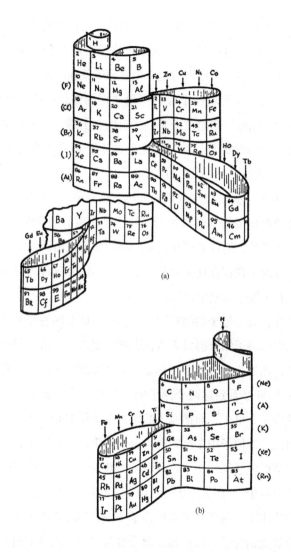

图 52　周期性的元素系统排列在绕柱的带子上，显示周期为 2、8 和 18，下面的图表代表元素循环的另一边（镧系和锕系元素），它们突兀于规则的周期性
（a）正视图；（b）后视图

到，第一组只包含两个元素——氢和氦；之后的两个组，每组有8个元素；再往后每隔18个元素，化学性质就会重复一遍。如果我们还记得沿元素序列每走一步，原子就相应地增加一个额外电子，那么，我们就一定能够得出这样的结论：所观察到的化学性质的周期性一定是由于某些稳定的电子结构，或者说"电子层"重复出现的结构。第一个完整的电子层必须由2个电子组成，接下来的2个电子层每层有8个电子，再往后的电子层每层有18个电子。从图52中我们还能注意到在第六个和第七个周期，元素性质严格的周期性因为两组元素（所谓的镧系和锕系元素）的存在而混乱，所以必须从正常的环状面上接出两块来。这一反常现象是由于我们在这里遇到了电子层结构的某种内部重建，它破坏了有关原子的化学性质。

现在，有了原子的结构图，我们可以试着回答究竟是什么使不同元素的原子结合形成无数化合物的复杂分子这一问题了。举个例子，比如为什么钠原子和氯原子能形成食盐的分子呢？从图53中我们可以看到这两个原子的电子层结构，氯原子的第三电子层缺少一个电子，而钠原子的第二电子层饱和后还多出一个电子。因此，钠原子中多余的电子会倾向于进入氯原子，从而形成一个完整的电子层。由于这种电子的转变，钠原子带正电荷（失去一个负电子），而氯原子带负电荷（获得一个负电子）。在静电引力的作用下，这两个带电的原子（或者称之为离子）会粘在一起形成氯化钠分子，通俗地说就是食盐分子。同样的道理，一个外层缺少两个电子的氧原子会从两个氢原子那里"俘获"它们的单个电子，从而形成一个水分子（H_2O）。另一方面，氧原子和氯原子之间、氢原子和钠原子之间，不会有结合的趋势，因为在第一种情况下，两者都有获得而非失去的态势，而在第二种情况下，两者都不想获得。

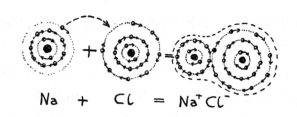

图 53　钠原子和氯原子结合成氯化钠分子示意

　　具有完整电子层的原子，如氦、氩、氖和氙原子，完全满足于自我，它们既不送出电子，也不获得电子，它们更喜欢骄傲地保持独立。正因为这样，这些元素（即所谓"稀有气体"）的化学性质呈现惰性。

　　在关于原子及其电子层的这一节的结尾，我们还要提及在被称为"金属"的那一组物质中电子所起的重要作用。金属与其他物质的不同之处在于它们的原子对外层电子的束缚相当松散，而且常常让它们自由行动。因此，金属的内部充满了大量未附着的电子，它们像一群流离失所的人一样漫无目的地四处移动。当我们在一根金属丝的两端施加电压时，在电压的作用下这些自由电子就会朝着电的方向运动，从而形成我们所说的电流。

　　自由电子的存在也是决定物质热传导性能力高低的因素之一，我们将在下一章中再次讨论这个问题。

6. 微观力学和不确定性原理

正如我们在上一节中所看到的，电子围绕着原子核旋转，这与行星系统非常相似。因此，我们会很自然地认为，它应该遵循公认的支配行星围绕太阳运动的天文学定律。特别是电和引力定律之间的相似性——在这两种情况下引力都与距离的平方成反比——这说明电子必须在以原子核为焦点的椭圆形轨道上运动[见图54（a）]。

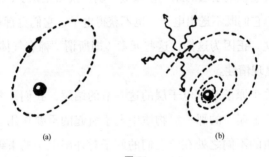

(a)   (b)

图 54

直到不久前，所有试图建立电子运动的一致性尝试，造成了一场意想不到的灾难，其规模如此之大，以至于有一段时间人们竟然认为，要么是物理学家头脑不灵光了，要么是物理学本身完全失控了。问题的根本原因在于原子内的电子与太阳系中的行星不同，原子的电子是带电的，因此，它们围绕原子核的圆周运动，就像任何振动或旋转的电荷一样必然会产生强烈的电磁辐射。由于它们的能量随着辐射减小，因此按照物理学的逻辑，原子中的电子一定会沿着螺线轨道不断接近原子核[见图54

（b）]，并在转动的动能耗尽后落在原子核上。根据已知的电子电量和电子旋转频率，很容易就能够计算出，电子失去全部能量而坠落在原子核上的整个过程所需的时间不会超过百分之一微秒。

直到最近，根据物理学家们掌握的最先进的知识，类行星原子结构的存在不会超过一秒钟的千分之一，一旦形成就会立刻瓦解。

不过，尽管上述物理预言让人感到郁闷，但实验却表明原子的系统是非常稳定的，电子始终围绕着原子核快乐地转动，无论什么时候都没有能量损失，当然也不会有泯灭的趋势。

但这怎么可能呢！为什么古老而完善的力学原理应用到电子身上就与观测到的事实如此矛盾呢？

为了解答这个问题，我们还得回到科学最基本的问题上去，即科学的本质。什么是"科学"，而我们又该怎么理解对自然现象的"科学解释"呢？

让我们来看一个简单的例子。大家都记得古代有许多人相信大地是平面的。我们很难指责这种信念，因为当你来到一片开阔的平原上，或者乘船渡河时，亲眼看到的便是如此；除了可能有的几座山之外，大地的表面看起来确实是平的。古人的错误之处不在于"从一个观察点观察大地的时候怎么看都是平的"，而是在于在超出观察范围之外的时候，这句话还对吗？一旦观察活动超过了某个界限，譬如研究月食时地球落在月亮上的影子，或者麦哲伦进行著名的环球航行后，就能立即证明这种推断是错误的。我们说大地看起来是平的，只是因为我们只能看见地球这个巨大的球体上一小部分的表面。同样的，在第五章已经讨论过宇宙空间也可能是弯曲有限的，尽管在有限的观察范围内宇宙看起来照旧是平坦且无边无际的。

但这和我们在研究原子的电子力学行为时遇到的矛盾有什么关系呢？答案是，在这些研究中，我们已经默认假定原子内的力学、天体运动力学，还有日常生活中我们熟悉的"常见尺寸"的物体的运动力学都遵从相同的规律，所以可以用同样的术语来描述它们。事实上，我们所熟悉的力学定律和概念是建立在与人类大小相当的物质实体的经验基础上的。后来，同样的规律被用来解释大得多的天体，如行星和恒星的运动，以及天体力学的成功，这使我们能够以最高的精度计算出数百万年前和数百万年后的各种天文现象。在解释大质量天体运动时，传统力学定律的外推无疑是正确的。

同样的力学定律，解释了巨大天体的运动，也解释了炮弹、钟摆和玩具陀螺的运动，但谁又能保证其同样适用于相对任何最小的机械装置而言，大小只有好多亿分之一、质量只有好多亿分之一的电子的运动呢？

当然，没有理由预先假定一般的力学定律一定不能解释原子的微小组成部分的运动；但是，另一方面，如果这种失败真的发生了，人们也不应太过惊讶。

因此，用本来是天文学家解释太阳系中行星运动的东西来解释电子的运动，难免会产生自相矛盾的结论。因此，在这种情况下，首先必须考虑的是把经典力学的基本概念和原则应用到这样一个非常小的粒子时是否需要作一些改变。

经典力学的基本概念是运动质点的运动轨迹，以及质点沿运动轨迹运动的速度。任何运动的质点在任一时刻占据空间中的一个确定位置，由不同时刻该质点的位置形成一条连续线，称为轨迹。这一命题一直被认为是不言而喻的，并成为描述任何物体运动的基本依据。用物体在不同时刻的两个位置之间的距离除以相应的时间间隔，由此来定义速度，在这两个位置和速度概念的基础上，建立了所谓经典力学。后来，科学家们才意识到，那些用于描述运动现象的最基本的概念可能在某种程度上是不正确的，哲学家们也习惯认为这些概念是"先天的"。

然而，将经典力学定律应用于描述微小原子系统内的运动时导致了彻底的失败。越来越多的人相信，错误发生在最根本之处，且这种"错误"延伸到了经典力学最基本的思想上。物体运动的连续轨迹的概念，以及它在任何给定时刻准确的速度的定义，被应用到原子系统中时，似乎太粗糙了。简而言之，把我们熟悉的经典力学的概念推广到非常小的质量区域的尝试最终证明，在这样做的时候，我们必须对它们进行大幅度的改造。但是，如果经典力学的旧概念不适用于原子世界，那么对于更大的物体的运动，也不能保证它是绝对正确的。因此我们得出结论：古典力学的原则应看作"真实情况"的一种近似，这种近似一旦应用于原先适用范围之外的更为精细的系统，就会完全失效。

对原子系统的力学行为的研究和对所谓量子物理学的构想，使一种全新的理论被引入科学界。量子物理学的发现基于这样一个事实，即两个不同的物质实体之间，任何可能的相互作用都有一个较低的极限，这一发现严重破坏了经典的运动物体轨迹定义。事实上，有这样一种说法，即运动物体存在一个数学上精确的轨迹，这就意味着存在可以借助某种改装过的物理仪器记录运动轨迹的可能性。但是，不要忘了，在记录任何运动物体的轨迹时，我们都不可避免地会干扰原始运动。事实上，如果我们的运动物体在测量仪器上运动，根据牛顿的作用力和反作用力相等定律，这个仪器会对运动物体产生反作用力。像在经典物理学中假设的那样，如果我们使两种材料之间的相互作用（在这里是运动物体和记录位置的仪器）尽可能小，我们就能做出理想的仪器，使它既能敏感地记录连续移动物体的位置，又对物体运动几乎没有干扰。

由于物理相互作用下限的存在，我们不能再将记录仪器对运动物体的影响任意减小了，这就从根本上改变了形势。因此，观察物体运动这一行为对运动所造成的影响就变成了运动本身的一个重要部分。这样，我们就再也不能用一条无限细的数学曲线来表示轨迹，取而代之的是有一定厚度的松散带子。经典物理学中的细线轨迹在新力学的眼中变成了一条模糊的宽带。

然而，最小的物理相互作用量，即通常所说的作用量子，有一个非常小的数值，仅当我们研究非常微小的物体的运动时才变得重要。举个例子，一把左轮手枪子弹的轨迹虽然不是数学上一根清晰的线，但这个轨迹的"粗细"小于形成子弹的材料单个原子的大小，因此实际上可以认为是零。但是，对于比子弹小得多的物体，它们的运动很容易受观测仪器的影响，因此轨迹的"粗细"变得越来越重要。对围绕原子核转动的电子而言，轨迹的粗细和原子的直径差不多，因此，电子运动的轨迹再也不能用图54中那样的曲线来描述，取而代之的是用图55所示的方式来表达。在这种情况下，粒子的运动不能用经典力学中熟悉的术语来描述，它的位置和速度都有一定的不确定性（海森堡不确定性关系和玻尔互补原理^①）。

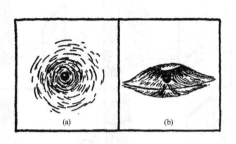

图 55　原子内电子运动的微观力学图像

(a) 球形轨道；(b) 车胎形轨道

　　这一令人吃惊的新物理学发现，把诸如运动轨迹的准确质量和运动粒子的准确速度等我们过去所熟悉的概念一并扔进了废纸篓，这让我们呼吸困难。如果不允许我们在研究电子时使用这些以前被接受的基本原理，那我们对其运动的理解又能以什么为基础呢？为了处理量子物理事实所要求的位置、速度、能量等方面的不确定性，该用什么数学公式来取代经典力学公式呢？

　　这些问题的答案可以通过研究经典光理论领域中存在的类似情况得到。我们知道，在日常生活中所观察到的大多数光现象都可以根据光沿着直线传播的说法来解释，因此把光称为光线。不透明的物体投下阴影的形状、在平面和曲面镜下形成的图像、镜头和各种更复杂的光学系统的聚焦，都可以利用光线反射和折射的基本规律进行解释［见图 56（a）、（b）、（c）］。

---

① 关于不确定性关系的更详细的讨论可以在作者的书《汤普金斯先生在仙境》（麦克米伦公司，纽约，1940 年）中找到。

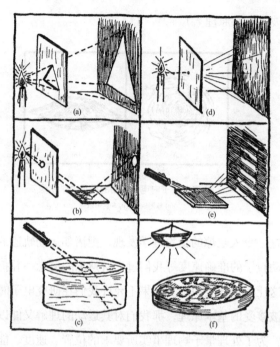

图 56　一些光现象〔(a)、(b)、(c) 可以用光线解释,(d)、(e)、(f) 不能用光线解释〕
(a) 成影;(b) 反射;(c) 折射;(d) 针孔衍射;(e) 光栅衍射;(f) 薄膜的颜色

　　但是我们也知道,这种用光线表示光的传播的几何光学方法,在光学系统中光路的几何宽度与光的波长相近时就会失效。这些情况下发生的现象称为衍射现象,完全不属于几何光学的范畴。因此,光束通过一个非常小的孔(约 0.000 1 厘米)后不能沿直线传播,而是以一种特殊的扇形方式散射〔见图 56 (d)〕。当一束光线落在上表面有大量平行窄痕("衍射光栅")的镜子上时,它不遵循人们所熟悉的反射定律,而是传播到不同的方向,具体方向取决于光栅间距和入射光的波长〔见图 56 (e)〕。还有,当光从散布着油膜的水面反射回来时,会产生一系列明暗交替的条纹［见图 56（f）］。

从上述情形中不难看出，光线概念是完全无法解释人们所观察到的现象的，所以我们认识到光能在整个光学系统空间中连续分布概念的重要性。

不难看出，光线概念在解释衍射现象上的失败类似于轨迹概念在量子物理学中的失败。正像光学中不存在无限细的光束一样，量子力学原理中也不存在无限细的物体运动轨迹。在这两种情况中，必须放弃一切用确定的数学曲线来反映物体（光或微粒）运动的尝试，取而代之用连续分布在一定空间中的"某种东西"的方法来表示。对于光学而言，"某种东西"就是光在各点的振动强度；对于力学而言，"某种东西"则是新引入的位置测量不确定性的概念，换句话说，运动微粒在任意给定时刻都可能处在几种可能位置当中的任何一个位置，而不是处在实现可预测到的唯一的一点上。我们不能精准地指出运动微粒在给定时刻位于何处，只能根据"不确定性原理"的公式计算出运动的范围。关于光的衍射的光学定律与关于机械粒子运动的新的"微观力学"或"波动力学"（由德布罗意和薛定谔所发展）之间的关系，可以通过实验证明这两类现象的相似性。

图 57 展示的是由斯特恩研究的原子衍射装置。用本章前面介绍的方法产生的钠原子束从晶体表面反射出来。在这种情况下，形成晶体晶格的规则原子层充当粒子入射光束的衍射光栅。从晶体表面反射的钠原子被收集进一系列以不同角度放置的小瓶子里，进行统计计数，图 57 中的虚线表示结果。我们看到，钠原子不是在一个确定的方向上反射（就像从一个小玩具枪射到一个金属板上的滚珠轴承一样），而是在一个确定的角度内分布，

形成一个与普通 X 射线衍射中观察到的非常相似的图案。

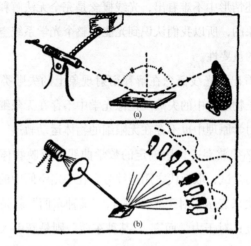

图 57　由斯特恩研究的原子衍射装置
（a）可用抛体说法解释的现象（滚珠在金属平板上的反弹）；（b）不能用抛体说
法解释的现象（钠原子在晶体表面的反射）

　　这类实验不可能以经典力学为基础加以解释，经典力学描述
的是独立原子沿一定轨道的运动，而要用新的微观力学的观点来
解释，把微粒的运动看成与现代光学研究光的传播一样的学科，
这是完全可以理解的。

第七章　现代炼金术

1. 基本粒子

我们已经知道各种化学元素的原子有着相当复杂的力学系统，大量的电子围绕原子核旋转。那么，我们当然还要问下去：这些原子核究竟是物质结构最基本的不可分的最终单位，还是可以进一步细分成更小、更简单的部分？有没有可能把所有92种不同类型的原子减少为几个真正简单的微粒呢？

早在19世纪中期，这单纯的渴望就驱使一位英国的化学家威廉·普劳特开展研究，基于不同化学元素的原子的共同性质，他提出了它们只是不同程度"浓度"的氢原子这个假设。普劳特假设的依据是用化学方法所确定的各元素的原子量几乎都是氢元素原子量的整数倍这个化学事实。因此，根据普劳特的理论，比氢原子重16倍的氧原子就一定是由16个氢原子聚集在一起构成的，原子量为127的碘原子则一定是由127个氢原子聚合而成的，等等。

然而，当时人类在化学上的成就对接受这一大胆的假设非常不利。通过对原子量的测量，可以看出它们不能精确地用整数来表示，在大多数情况下，只能用非常接近整数的数去表示；而在少数情况下，甚至根本不接近整数（例如氯的原子量为35.5）。这些事实似乎与普劳特的假设正好相反，使其失去了可信性，这导致普劳特直到去世都没有意识到自己究竟有多正确。

直到1919年，英国物理学家阿斯顿的发现才使普劳特的假设再次得到证实。阿斯顿指出，普通氯是两种不同的氯的混合物，它们具有相同的化学性质，但具有不同的整数原子量：一种是35，一种是37，化学家得到的非整数35.5只代表混合物的平均值[①]。

对各种化学元素的进一步研究揭示了一个令人震惊的事实：它们中的大多数元素都是由化学性质相同但原子量不同的若干成分组成的混合物。于是人们给它们起名为同位素，意思就是在元素周期表中占据同一位置的元素[②]。事实证明不同同位素的质量总是氢原子质量的整数倍，这一事实给了被人们遗忘的普劳特假设以新生。正如我们在前面章节中所看到的，原子的质量主要集中在原子核，因此，普劳特的假设可以用现代语言重新表述，即不同种类元素的原子核由不同数量的氢原子核组成，由于氢原子核在物质结构中起重要的作用，因此被赋予"质子"这一特殊名称。

然而，对于上面的叙述有一个重要的修正。例如，以一个氧原子的原子核为例：因为氧是元素周期表中的第八个元素，它的原子必须包含8个电子，它的原子核也必须携带8个正电荷，但

---

① 由于较重的氯的含量为25%，较轻的氯的含量为75%，所以平均原子量为0.25×37 + 0.75×35 = 35.5。这正是早期化学家所发现的数值。

② 原文为 isotopes，来自希腊语 ijos，意为"平等"，tottos 意为"地方"。

实际上氧原子的质量是氢原子的 16 倍。因此，如果我们假设一个氧原子核是由 8 个质子形成的，那么电荷数是正确的，但质量是错误的（两者都是 8）；假设它有 16 个质子，我们得到的质量是正确的，电荷数是错误的（两者都是 16）。

显然，要解决这个难题，唯一方法就是假设形成复杂原子核的一些质子失去了原来的正电荷，成了中性的电子。

早在 1920 年，卢瑟福就提出了这种无电荷质子的存在，也就是现在所说的"中子"，不过 12 年后它才被实验证实。这里必须指出的是，质子和中子不应被视为两种完全不同的粒子，而应视为处在两种不同带电状态下的同一种粒子，现在以"核子"命名。事实上，我们已经知道，质子可以失去正电荷而转化成中子，中子也能获得正电荷而转化成质子。

把中子引进原子核，刚才提到的困难就得到了解决。为了解释氧原子核重 16 个单位，但只有 8 个电荷单位这一事实，可假设它由 8 个质子和 8 个中子组成，质量为 127 个单位的碘，它的原子序数为 53，所以就应有 53 个质子、74 个中子。重元素铀（原子量为 238，原子序数为 92）由 92 个质子和 146 个中子组成[①]。

因此，在普劳特的大胆假设诞生将近一个世纪之后，终于得到了应有的尊敬，光荣地被人类接受了。我们现在可以说，无限多样性的已知物质都不过是由两种基本粒子的不同组合形成的：（1）核子，它是物质的基本粒子，可以是中性的，也可以携带一

[①] 通过原子量表，你会发现周期系统刚开始的一部分元素，其原子量是原子序数的两倍，这意味着这些原子核含有相等数量的质子和中子。在重元素中，原子量增加得更为迅速，这表明在这些元素的原子核内，中子数多于质子数。

个正电荷；（2）电子，带负电的自由电荷（见图58）。

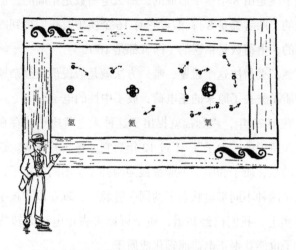

图 58　两种基本粒子的不同组合

　　下面是《万物炮制大全》中的一些配方，其中展示了在宇宙这间"大厨房"里每道"菜"是如何从堆满核子和电子的"食品柜"中烹制出来的：

　　水　将8个中性核子和8个带电核子结合在一起当作原子核，然后用8个电子组成的包层围绕原子核，如法制备大量的氧原子。将单个电子与带电荷的核子结合，制备出比氧原子多两倍的氢原子。在每个氧原子中加入2个氢原子就得到了水分子，把它们置于一个玻璃杯中，保持冷却状态，就是水。

　　食盐　制备钠原子时，以12个中性核子和11个带电核子为核，每个核配上11个电子；以18个或20个中性核子和17个带电核子（同位素）为中心，结合17个电子，制备等量的氯原子。将钠原子和氯原子按照国际象棋棋盘那样的格式在立体空间中摆开，形成规则的食盐晶体。

TNT 将 6 个中性核子和 6 个带电核子与 6 个附在原子核上的电子结合，制备碳原子。由 7 个中性核子和 7 个带电核子组成核，每个核周围有 7 个电子，制备氮原子。根据上述方法制备氧原子和氢原子（见水的制备）。将 6 个碳原子排列在一个环中，第 7 个碳原子在环外。将 3 对氧原子连接到碳环的 3 个碳上，每种情况下在氧原子和碳原子之间放置 1 个氮原子。碳环外附加的碳原子上加上 3 个氢原子，碳环中剩下的两个碳原子也各自连上一个氢原子。将获得的分子排列成规则的形状，形成大量的小晶体，并将所有这些晶体压在一起。注意要小心处理，因为这种结构不稳定，具有极强的爆炸性。

正如我们刚才所看到的，中子、质子和带负电的电子是构成任何物质所必要的组成单位，但这一基本粒子的名单似乎仍然有些不完整。事实上，如果普通电子代表负电荷的自由电荷，为什么我们不能也有正电荷的自由电荷，也就是正电子呢？

另外，如果作为物质基本组成单元的中子能够获得正电荷，从而成为一个质子，为什么它不能获得一个负电荷，成为一个负质子呢？

答案是，除了电荷的符号外，正电子与普通的负电子非常相似，实际上在自然界中确实存在。尽管实验物理学还没有成功地探测到负质子，但负质子也有存在的可能性。

在我们的物理世界中，正电子和负质子（如果有的话）不如负电子和正质子数量丰富的原因，在于这两组粒子是相互敌对的。大家都知道，两个电荷一个是正电荷，另一个是负电荷，当它们加在一起时，会相互抵消。因此，由于这两种电子只代表正、负电的自由电荷，人们不应该期望它们能在同一空间区域内共存。事实上，当一个正电子遇到一个负电子时，它们的电荷会立即相互抵消，这两个电子将不再作为单个粒子存在。此时，两个电子一起灭亡，这在物理学上称作"湮灭"。两个电子湮灭的过程产生了一种强烈的电磁辐射［伽马（γ）射线］，从相遇点射出并携带着两个消失粒子的原始能量，辐射的能量与原电子的能量相等。根据物理学的基本定律，能量既不能被创造也不能消失，在这里看到的只是自由电荷的静电能转化为辐射波的电动能。这一现象是由正、负电子的碰撞引起的。玻尔用"疯狂的婚姻"来描述这一现象[1]，而较为悲观的布朗则称之为"双双自杀"[2]。图59（a）展示了这场邂逅的情况。

湮灭过程的逆过程是"电子对的形成"，通过"电子对的形成"，一个正电子和一个负电子由 γ 射线的能量变化而来。我们说"显然"是因为实际上每一对新生的电子都是以消耗 γ 射线的能量为代价从无到有而形成的。事实上，为了形成一个电子对，辐射释放的能量必须与湮灭过程中释放的能量完全相同。电子对的产生过程，最好是在射线靠近某个原子核时发生[3]，如图59（b）所示。我们早就知道，硬橡胶棒和毛皮摩擦时，两种物体各自带上相反的电荷，这也是一个两种相反的电荷从无到有的例子。不过，这也没什么值得大惊小怪的。如果有了足够的能

---

① 参阅 M. 玻尔的《原子物理学》（ G. E. Stechert & Co.，纽约，1935 年）。

② 参阅 T. B. 布朗的《现代物理学》（约翰威利父子出版社，纽约，1940 年）。

③ 原子核周围的电场的存在对电子对的形成过程有很大的帮助，不过从原则上来讲电子对的形成可以在完全空虚无物的空间中进行。

量，我们可以产生任意多对正、负电子，不过要明白一点，湮灭的循环过程很快会使它们再次消失，同时全额偿还最初消耗的能量。

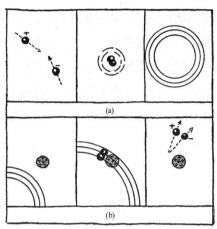

图 59　两个电子的湮灭过程产生电磁波的示意以及电磁波靠近原子核附近时产生一对电子的过程示意

（a）电子对的湮没；（b）电子对的产生

有一个非常有趣的产生电子对的例子，叫作"宇宙射线阵雨"现象，它是由来自星际空间的高能粒子射到地球大气层中而产生的。这种在宇宙的广袤空间里向四面八方飞蹿的粒子流究竟从何而来，至今仍然是科学上的一个未解之谜[①]，不过我们已经知道了当电子以极其惊人的速度轰击地球大气层上层时会发生什

————————

[①] 这种高能粒子的速度达到光速的 99.999 999 999 999 9%。对它的来源最简单，但可能最合理的猜测，是它可能由宇宙间巨大的气体尘埃云（星云）的极高电势加速产生。事实上，我们可以预期，这样的星际云会以类似大气层中普通雷云的方式积累电荷，由此产生的电位差将远高于雷暴期间的云间雷击现象。

么。这种高速的原始电子在大气层中的气体原子的原子核附近穿过时，原有能量逐渐减小，变成 γ 射线放出（见图 60）。这种辐射导致大量电子对的产生。新产生的正、负电子同原有电子一同前进，而新生的次级电子的能量也非常大，也会辐射出 γ 射线，从而有更多的新电子对产生，所以当原有电子最开始抵达海平面时，伴随着一群正、负各半的电子。当然不用说，这种高速电子在穿过其他大物体时也会产生簇射，不过由于物体的密度比较大，相应的分支过程的速度要快得多［见图版Ⅱ（a）］。

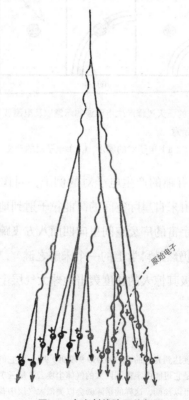

原始电子

图 60　宇宙射线阵雨的起源

现在让我们把注意力转移到负质子存在的可能性问题上。我们应该预料到，这种粒子可能是由一个获得负电荷或失去正电荷的中子形成的。这很好理解，但是，这样的负质子的存在时间也不会超过正电子，它是不会在我们这个物质世界中长久存在的。事实上，它们将会被附近的带正电的原子核立刻吸引并吸收，并且进入原子核结构内部之后很有可能变成中子。因此，即使这种负质子确实作为基本粒子的对称粒子而存在，它也是很难被发现的。要记得正电子的发现是在科学引入普通负电子的概念之后又过了半个世纪才发生的事！假如负电子存在，那我们就可以顺其自然地想到所谓反原子和反分子也可能存在。它们的原子核由和一般物质中一样的中子和负质子组成，并且外围不得不围绕着正电子。这些"反原子"的性质和普通原子的性质完全相同，所以没有办法看出水与"反水"、黄油与"反黄油"等东西之间有任何不同。除非把普通物质和"反物质"凑到一起，不然看不出差别。但是如果这两种相反的物质相遇，两种相反的电荷会立刻发生湮灭，两种相反的质子也会立即中和，这两种物质就会以超过原子弹的程度发生猛烈的爆炸。据我们所知，我们的星系可能存在由这样的反物质建造的恒星系统，那么在这种情况下，从我们的星系扔过去任何一块普通的石头，或者从那里飞过来一块石头，一旦着陆就将成为一颗原子弹。

在这一点上，我们必须把这些关于逆转原子的奇异推测放一放，再考虑另一种基本粒子。这种粒子可能也同样不寻常，实际上它参与了各种可进行观测的物理过程，即所谓的"中微子"，并且它是"走后门"进入物理学领域的。尽管各个方面都有人大喊大叫地反对它，但它现在在基本粒子家族中占据着不可动摇的地位。它是如何被发现和识别的，成了现代科学中最令人兴奋的"悬案"之一。

中微子是由一个数学家利用"反证法"发现的。令人兴奋的发现开始了，不是因为有什么东西在那里，而是因为有什么东西不见了，失踪的东西是能量。按照物理学最古老和最稳定的物理定律，能量既不能被创造也不能被破坏，发现本应存在的能量不存在，表明一定有个小偷或一群小偷拿走了它。因此，那些有秩序的头脑，即使在看不见事物的时候也喜欢给它们起名字的科学侦探们，称能量窃贼为"中微子"。

但这还有些超前。回到"能量盗窃案"：正如我们之前所看到的，每个原子的原子核由核子组成，其中大约一半是中性的（中子），其余部分是带正电的（质子）。如果平衡原子核中的质子和中子的相对数量被摧毁了，通过添加一个或多个额外的中子或质子①，电荷一定会发生调整。如果中子太多，其中一些会通过喷射出一个离开原子核的负电子而变成质子。

如果质子太多，其中一些会变成中子，释放出一个正电子，图61显示了这样的两个过程。这种原子核内的电荷调整通常被称为 β 衰变过程，从原子核射出的电子被称为 β 粒子。原子核的内部转化是一个确定的过程，它会释放出一定的能量，这些能量被传递给被射出的电子。因此，我们可以预料，由一种给定的物质所产生的 β 粒子，都必须以相同的速度运动。然而，有关 β 衰变过程的观测证据与这一预期正好相反。事实上，人们

---

① 这可以通过本章后面描述的核裂炸方法来实现。

发现，给定物质所发射的电子具有从零到一定上限的不同动能。由于没有发现其他粒子，也没有辐射来平衡这种差异，β衰变过程中的"能量丢失的情况"相当严重。曾经有人一度认为，我们面临着著名的能量守恒定律不再成立的第一个实验证据，这对所有精心构建的物理学理论是一个巨大的灾难。但还有另一种可能性：也许丢失的能量被某种新的粒子带走了，这种粒子在我们的任何观测方法都没有注意到的情况下逃走了。泡利提出，这种核能的"巴格达窃贼"角色可以由被称为中微子的假想粒子来扮演，中微子不带电荷，其质量不超过普通电子的质量。事实上，根据已知快速移动的粒子与物质的相互作用的事实，我们可以断定，这种光粒子不能为任何现有的物理设备所察觉，并将在没有任何困难的情况下通过任何厚度的屏蔽材料。可见光完全无法通过薄金属膜，阻挡高渗透X射线和γ辐射需要几英寸厚的铅，但一束中微子会毫无困难地通过几光年厚的铅！难怪它们能逃脱任何可能的观察，而能被注意到只是因为它们的逃脱造成了能量的不足。

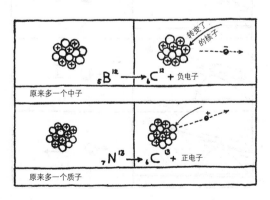

图61　负β衰变和正β衰变示意（为了清楚可见，所有的核子都画在一个平面上）

但是，尽管我们无法在中微子离开原子核后捕捉到它们，但有一种方法可以研究它们离开后的衍生效应。当你用来复枪射击时，你的肩膀会感受到压力，而大炮在射出一颗沉重的炮弹后，也会向后坐。力学上的反冲效应也应该在该原子核发射高速粒子时发生，事实上，原子核在发射出电子后会获得与电子运动方向相反的速度。然而，基于所观察到的事实，原子核反冲存在一定的特殊性，即无论电子被抛出的速度如何，原子核的反冲速度总是大致相同的（见图62）。这看起来很奇怪，因为我们很自然地认为快速的弹丸会比慢速的弹丸产生的后坐力更强。对这个谜题的解释在于，原子核总是和电子一起发出中微子，中微子携带着能量的平衡。如果电子的速度很快，吸收了大部分的可用能量，那么中微子就会运动得很慢，反之亦然。因此，由于这两种粒子的共同作用，原子核会保持很强的反冲力。如果这个效应不能证明中微子的存在，那就没有什么能够证明了！

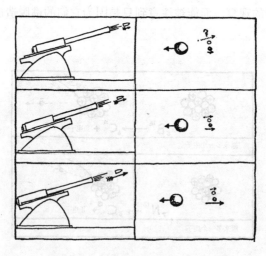

图62　大炮和核物理的反冲问题

现在，我们准备对前面讨论的结果进行总结，并提出一份参与构成宇宙基本粒子的完整清单，以及它们之间存在的关系。

首先我们有核子，它代表基本的物质粒子。就目前的知识状态而言，它们要么是中性的，要么是带正电荷的，但也有可能是带负电荷的。其次我们有代表正电荷和负电荷两种自由电荷之一的电子，还有一些神秘的中微子，它们不带电荷，可能比电子轻得多[1]。最后我们有电磁波，它解释了电磁力在真空中的传播。

这些物质世界的基本组成部分都是相互依存的，它们可以以各种方式结合在一起。因此，中子可以通过发射一个负电子和一个中微子（中子→质子＋负电子＋中微子）变成质子，质子又可通过发射正电子和中微子而变回中子（质子→中子＋正电子＋中微子）；两个带相反电荷的电子可以转化为电磁辐射（正电子＋负电子→辐射），也可以反过来由辐射产生（辐射→正电子＋负电子）。最后，中微子可以结合电子，形成不稳定的粒子，在宇宙射线中出现，这种微粒被称为介子（中微子＋正电子→正介子；中微子＋负电子→负介子；中微子＋正电子＋负电子→中性介子）。也有人把介子称为"重电子"，但这种叫法是不太恰当的。

中微子和电子组合在一起后带有大量的内能，这使介子质量比这两种粒子的质量之和大 100 倍左右。

图 63 所示为现代物理学中的基本粒子及其各种组合示意。

---

① 关于这一课题的最新实验证据表明，中微子的质量不超过电子的十分之一。

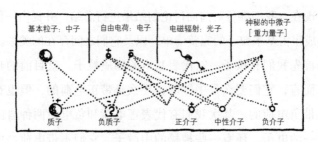

基本粒子: 中子	自由电荷: 电子	电磁辐射: 光子	神秘的中微子 [重力量子]
质子	负质子	正介子 中性介子	负介子

图 63　现代物理学中的基本粒子及其各种组合示意

　　大家可能会问:"这就是结局吗?""我们有什么权利假设核子、电子和中微子真的是最基本、不能再进行细分的最小单元?""在半个世纪以前,人们还认为原子是不可分割的,然而它们今天呈现的是一幅多么复杂的画面啊!"对于这些问题,答案是:虽然没有办法预测物理科学的未来发展,但我们现在有更充分的理由相信,上述粒子基本上就是最小单元了,不能再进行细分了。还有,同古典物理学中为数不多的"不可分的分子"相比,我们现在只有三种不同的实体:核子、电子、中微子。而且,无论我们怎么努力把万物还原成最简单的样子,我们也不能把万物化为一无所有吧!所以,我们对物质组成的探讨已经到达了尽头,无法继续突破了。

2. 原子的心脏

　　我们既然已经对物质结构的基本组成单元本身的性质有了全方面的了解,现在就可以认真地研究探讨关于原子的心脏——原子核的问题了。原子的外部结构在某些特定的场合可被看作一个微缩版的行星系统,但是原子核本身将呈现一种全新的情况。我们首先要清楚的是：使原子核保持完整的绝不可能是静电力，因为原子核内有一半不带电的中子，另一半带正电荷的是质子，这会产生互相排斥的作用。如果一群粒子间只有排斥力，那就不能形成稳定的磁场。

因此，为了理解原子核的组成部分保持在一起的原因，我们必须假定它们之间存在某种其他力，这种力在自然界中具有吸引力，既作用于带电的核子，也作用于不带电的核子。无论所涉及的粒子的性质如何，这种力会使它们保持在一起，我们称之为"内聚力"。例如，在普通液体中，这种力会阻止分离的分子向四面八方散开。

在原子核中，类似的内聚力作用于不同的核子，阻止原子核在质子间电斥力的作用下分裂。与形成各种原子壳层的电子有足够的移动空间不同，原子核内大量的核子像罐头里的沙丁鱼一样紧紧地挤在一起。正如这本书的作者首先提出的，假设原子核内的物质结构与普通液体相同，而普通液体有一个重要的表面张力现象。大家可能还记得，在液体表面的张力现象源自这样一个事实，液体内部的粒子受到相邻粒子对它产生的各个方向的拉力，而液体表面的粒子仅受到液体内部粒子对它的拉力（见图64）。

图64　液体的表面张力的解释

这就导致任何液滴在不受外力作用时呈球形的趋势，因为球体是在任何给定体积下具有最小表面的几何体。因此，我们得出的结论是，不同元素的原子核可以简单地视为宇宙"核流体"中大小不同的液滴。然而，我们不要忘了，核流体虽然在性质上与普通液体非常相似，但在数量上却有很大的不同。实际上，它的密度比水的密度大了不止 240 000 000 000 000 倍，它的表面张力大约是水的 1 000 000 000 000 000 000 倍。为了使这些巨大的数字更容易理解，让我们看看下面这个例子。假设我们有一个大致呈倒 U 形的线框，形成一个面积大约为 2 平方英寸的正方形区域，如图 65 所示，下边横搭一根直丝，现在给框内充入一层肥皂膜，这层膜的表面张力会把横丝向上拉。在横丝下悬吊一个小重物，可以把这个张力平衡掉。这层膜是普通的肥皂膜，它在厚度为 0.02 毫米时自重为 1/4 克①，能支持 3/4 克的重物。

现在，如果用核流体制造出类似的薄膜，那么薄膜的总质量将达到 5 000 万吨（大约是 1 000 艘远洋客轮的质量），这时可以把质量大约为 10 000 亿吨的重物挂在十字线上，这大概是火星第二颗卫星"火卫二"的质量！为了能够从核流体中吹出肥皂泡，人们必须拥有十分强大的肺！

考虑到原子核是核流体的微小液滴，我们不能忽视这些液滴带电的重要事实，因为形成原子核的大约一半粒子是质子。试图将原子核分裂成两个或多个部分的电斥力被表面张力抵消，而表面张力总是能让原子核保持为一个整体。如果表面张力占主导地

---

① 克力的概念现已不使用。

"火卫二"

图 65　关于张力的例子

位，原子核将永远不会分裂，但当两个原子核相互靠近时，会像两个普通的液滴一样有融合的趋势。

与此相反，如果电斥力占了上风，原子核就会有分裂为两块或多块高速飞离的碎块的趋势。我们称这种分裂过程为"裂变"。

玻尔和威勒在 1939 年对不同元素原子核的表面张力和电斥力的平衡问题进行了精密的计算，他们得到了一个极其重要的结论：元素周期表中在银之前的元素是表面张力占优势，而重元素则是电斥力占上风。因此，所有比银重的元素的原子核都不稳定，并且，当受到外部强烈的冲击作用时，会导致大量内部核能的释放，原子核将分裂成两个或多个部分［见图 66（b）］。相反的，当两个原子量小于银的轻原子核互相靠近时，会有自发的聚变过程出现的可能［见图 66（a）］。

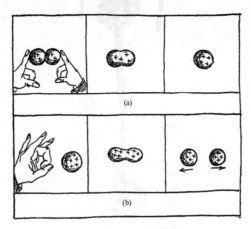

图 66　聚变与裂变
（a）聚变；（b）裂变

　　然而我们必须记住，两个轻原子核的聚变和一个重原子核的裂变，只有在我们对它们施加影响的情况下才会发生，通常情况下是不会发生的。事实上，为了使两个轻原子核融合，我们必须使它们紧密地结合在一起，以克服电斥力。为了迫使一个重原子核进行裂变，我们必须给它一个强有力的撞击，使它以足够大的振幅振动。

　　在没有初始激发的情况下而无法进行某个过程的状态，在科学上被通称为亚稳态。悬崖峭壁上的岩石、口袋里的火柴或炸弹中的 TNT 火药，都是物质处于亚稳态的例子。每一种情况都有大量的能量等待释放，但实际上除非被踢开，否则岩石不会滚下来；除非与鞋底或其他物体摩擦生热，否则火柴不会燃烧；除非点燃引信引爆 TNT 火药，否则炸弹不会爆炸。在我们生活的这个世界上，除了银块①以外都是潜在的核爆炸物质。但就是因为核反应的发生是极其困难的，所以我们并没有被炸得粉身碎骨，用更科学的说法来说，就是需要极大的激发能才能使原子发生核变。

我们在核能世界里的状况（更确切地说是不久前所处的地位），与因纽特人居住在一个低冰点且只有固态的冰和液态酒精的环境中的状态相似。因为在这样的环境中因纽特人永远不知道火为何物，他们不能用两块冰互相摩擦来生火，酒精对于他们来说也只是一种令人愉快的饮料，因为他们没有办法把酒精的温度提高到燃点。

最近的发现让人们得知在原子内部隐藏着大规模的能量释放，这个过程所引起的人类的巨大困惑，可以与我们想象中的因纽特人第一次看到普通的酒精灯时的惊讶相比。

一旦克服了使核反应启动时所遇到的困难，结果将会大大弥补它所引起的一切麻烦。拿相同数量的氧原子和碳原子的混合物举例，它们以下面这个方程式进行化合：

$$O + C \longrightarrow CO + 能量$$

在化合过程中，每克混合好的氧和碳会放出 920 卡路里②的

① 要记住，银的原子核既不会聚变，也不会裂变。
② 卡路里是度量热能的热量单位，每克水升高 1℃所需要的能量为 1 卡路里。1 卡路里 =4.186 焦耳。

热量。如果这两种原子之间不是普通的化合［分子的聚合，见图 67（a）］，而是原子核之间的聚合［见图 67（b）］，则

$$_6C^{12} + {_8}O^{16} = {_{14}}Si^{28} + 能量$$

这时每克混合物放出的能量能够达到 14 000 000 000 卡路里，比前者要大 1 500 万倍。

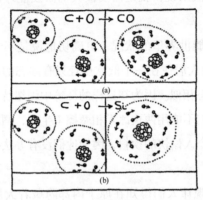

图 67　化合与聚合
（a）碳和氧的化合；（b）碳核与氧核的聚合

同样的，复杂的 TNT 分子分解成水分子、一氧化碳分子、二氧化碳分子和氮气（分子裂解）时，每克大概产生 1 000 卡路里热量。而同样质量的物质，比如水银，其裂变过程会释放出总共 10 000 000 000 卡路里的热量。

但是请一定不要忘记，虽然大多数化学反应在几百摄氏度的温度下很容易发生，但相应的核变在高达数百万摄氏度的条件下不会开始！正是由于核反应很难发生，这才避免了整个宇宙没有在一声爆炸的巨响后变成一大块纯银。

3. 原子的碎裂

尽管原子量的完整性是一个支持原子核复杂性的有力论据，但原子核的复杂性最终只能通过直接的经验性证据来证实，即能否将一个原子核分裂成两个或多个单独的部分。

1896 年法国科学家贝克勒尔所发现的放射性，第一次表明原子有可能碎裂的迹象。事实证明，位于元素周期表尽头的元素，如铀和钍，自己就能够发出穿透性很强的辐射（与一般的 X 射线相似）的原因在于这些原子在缓慢地进行衰变。人们对这个新现象进行了仔细的研究，很快就得到了结论——重原子在衰变中会分裂成两个大不相同的部分：（1）叫作 α 粒子的小碎片代表的是氦的原子核；（2）原始原子核的其余部分，表示子元素的原子核。当铀原子核碎裂时，放出 α 粒子，产生的子元素称为铀 X_1，它的内部在重新调整电荷之后放出两个自由负电荷（普通电子），从而变成比原有的铀原子轻 4 个单位的铀的同位素。紧接着又是一系列 α 粒子的核发射和电荷调整，直至变成表现稳定的铅原子才停止衰变。

在另外两个放射性家族中也观察到了类似的一系列与 α 粒子和电子交替发射过程，即钍族和锕族．钍族从重元素钍开始，而锕族从被称为锕铀的元素开始。在这三个家族中，自发衰变的过程一直持续到只剩下三种不同的铅同位素为止。

好奇的读者对上述自发放射性衰变和上一节的一般讨论进行比较后可能会感到诧异。在上一节中我们讲过，原子核的不稳定性在银以后的元素中普遍存在。在这些元素中，破坏性的电斥力比原子核保持为一个整体的表面张力要强。如果所有比银重的原子核都是不稳定的，那么为什么只有铀、镭和钍等重元素才能观察到自发衰变呢？答案是，从理论上讲，所有比银重的元素都必须被视为放射性元素，事实上，这些元素通过衰变缓慢地转变为较轻的元素。但在大多数情况下，自发衰变发生得非常缓慢，以至于没有办法注意到它。因此，在碘、金、汞和铅等人们所熟悉的元素中，原子可能在许多世纪内以 1~2 个的速度分裂，即使是最灵敏的物理仪器也无法检测到这种速度。只有最重的元素发生裂解，才足以产生明显的放射性[1]。这种相对性还决定了不稳定原子核裂变的方式。例如，铀原子的原子核可以以许多不同的方式分裂：它可以裂变成两个或三个相等的部分，或几个大小差别很大的部分。但是，最简单的方法是把它分成 α 粒子和剩余的重粒子，这就是为什么它通常是这样发生的。据观察，铀原子核裂变成两半的可能性是 α 粒子碎裂的可能性的一百万分之一。因此，在一克铀中，大约一万个原子核每秒通过发射 α 粒子而分裂，我们必须等待几分钟才能看到一个自发的裂变过程，在这个过程中，一个铀原子核分裂成两个相等的部分。

放射性现象的发现无疑证明了原子核结构的复杂性，并为人工制造（或诱导）核变的实验铺平了道路。于是，会出现以下问题：如果重元素的原子核，特别是不稳定元素的原子核自行衰变，我们能不能用一些调整粒子猛地撞击其他稳定元素的原子核来分裂它们呢？

考虑到这一想法，卢瑟福决定让各种稳定元素的原子受到

---

[1] 例如，在铀中，每克物质每秒有几千个原子破裂。

核碎片（α 粒子）的强烈轰击，这些核碎片是由不稳定放射性核自发分裂产生的。卢瑟福在 1919 年进行的第一次核变换实验（见图 68）中使用的仪器与目前在几个物理实验室中使用的巨型原子粉碎机相比是最简单的。它由一个抽空的圆柱形容器和一个由荧光材料（c）制成的薄窗口组成，这个薄窗口充当一个屏幕。轰击 α 粒子的来源是沉积在金属板（a）上的一层薄薄的放射性物质，而将被轰击的元素（本实验中用的是铝）做成箔状，放在距离轰击源一段距离处（b）。箔靶的排列方式使所有入射的 α 粒子一旦遇到它就会一直嵌入其中，因此它们不可能照亮屏幕。所以，除非屏幕受到由于轰炸而从目标材料发射的二次核碎片的影响，否则它将保持完全黑暗。

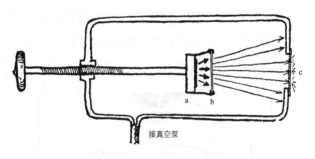

接真空泵

图 68　原子第一次是如何分裂的

卢瑟福把所有的东西都放在适当的位置上，用显微镜看着屏幕，他看到的景象几乎不可能被误认为是黑暗。屏幕上到处闪烁着无数的小火花，在它的整个表面上闪烁着！每一个火花都是由一个质子撞击屏幕产生的，而每一个质子又是由入射 α 粒子从箔靶上的铝原子里撞出的一块"碎片"。因此，人工转化元素从理论可行变成了一个科学事实[1]。

在卢瑟福经典实验之后的几十年里，元素的人工转变科学已经发展成为物理学中最大和最重要的一个分支，无论是在制造用于轰击的高速粒子的方法上，还是在对结果的观测上，都取得了很大进步。

在观测粒子撞击原子核所发生的情况时，最令人满意的仪器是一种能够直接用眼睛观看的云室（或称之为以发明者威尔逊的名字命名的威尔逊云室）。如图 69 所示，它的运行是基于这样一个事实：高速运动的带电粒子，如 α 粒子，在穿过空气或任何其他气体的过程中，会使沿路的气体原子发生一定程度的畸变。由于强电场的存在，这些高速粒子将一个或多个挡在其途中的气体原子撕裂，留下大量的电离原子。这种状态不会持续很长时间，因为在高速粒子过后，电离原子会捕捉到它们的电子，回到正常状态。不过，如果这种发生了电离的气体中含有饱和水蒸气，它们就会以离子为核心形成微小的水滴——这是水蒸气的性

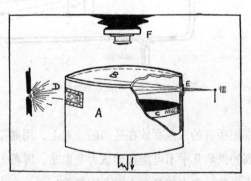

图 69 威尔逊云室原理

---

① 上述过程可用以下化学式表示：

$$_{13}Al^{27} + _2He^4 \longrightarrow _{14}Si^{30} + _1H^1$$

质，它能附着在离子、灰尘等东西上，这也就导致沿粒子的路径会出现一道细细的水珠。也就是说，任何带电粒子在气体中运动的轨迹就变成可见的了，就如同一架拖着尾烟的飞机。

从技术角度看，云室是个简单的仪器，它主要包括一个金属圆筒（A），筒上盖有一块玻璃盖子（B），内部装有一个可以上下移动的活塞（C），图中未画出可移动部分。玻璃盖子和活塞工作面之间充有普通的空气（如果需要的话也可以改用其他任何气体）和一定量的水蒸气。一些粒子从窗口（E）进入云室时，令活塞迅速下降，从而使活塞上部的气体冷却，水蒸气则会形成细微的水珠，沿粒子运动轨迹凝结成一缕雾丝。这些雾丝通过侧窗（D）被强光照射，会在活塞变黑的表面上清晰地显现出来，可以通过摄像机（F）进行视觉观察或拍照，该摄像机可根据活塞的动作自动操作。这种简单的排列，使我们能够获得核轰击结果的美丽照片。因此，它是现代物理学中最有价值的设备之一。

人们自然也希望设计出一种方法，通过在强电场中加速各种带电粒子（离子），从而产生强大的粒子束。除了省去使用稀有和昂贵的放射性物质的必要性外，这种方法还可以使用其他不同类型的粒子（例如质子），并获得比普通放射性衰变中放出粒子更大的动能。制造高速粒子束的最重要的机器是静电发生器、回旋加速器和直线加速器，图70、图71和图72分别对它们的功能进行了简短描述。

利用上述类型的电子加速器来产生各种粒子束，并引导这些光束轰击由不同物质材料制成的靶子，我们可以制造出大量的核变，通过云室拍摄下来，这样可以方便地进行研究。图版Ⅲ、Ⅳ就是几张核变的照片。

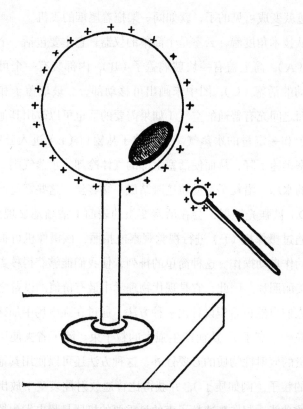

图 70　静电发生器原理（从基本物理上讲，锂是众所周知的，它的表面分布着与
球形金属导体相连的电荷。因此，我们可以通过一个接一个地将小电荷引入导体
的内部，使小电荷导体穿过球体上的孔，并从内部接触导体的表面，从而将导体
充电到任意的高电位。一般来说，人们实际上使用一条连续的带，通过孔进入球
形导体，并携带由小型变压器产生的电荷）

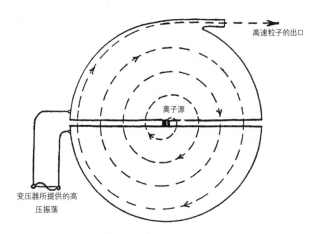

高速粒子的出口

离子源

变压器所提供的高
压振荡

图 71 回旋加速器原理［回旋加速器基本上由两个放置在强磁场中的半圆形金属盒组成（垂直于绘图平面）。两个接线盒通过变压器连接，因此，它们通过正、负电交替充电。从中央的离子源射出的离子在磁场中沿半圆形路径前进，并且每次从一个盒子进入另一个盒子的中途都会加速。离子运动越来越快，其轨道可描述为一个向外拓展的螺旋线，最终以非常高的速度逸出］

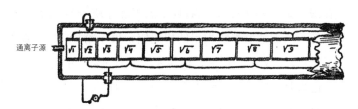

通离子源 $\sqrt{1}$ $\sqrt{2}$ $\sqrt{3}$ $\sqrt{4}$ $\sqrt{5}$ $\sqrt{6}$ $\sqrt{7}$ $\sqrt{8}$ $\sqrt{9}$

图 72 直线加速器原理（这种排列系统由一些长度增加的圆柱体组成，这些圆柱体由变压器正、负交替充电。离子从一个柱体进入另一个柱体时，由于存在的电位差而逐渐加速，因此它们每次都会增加一定的能量。由于速度与能量的平方根成正比，如果圆柱体的长度与整数的平方根成正比，离子将与交变场保持同步。只要建立一个足够长的这种类型的系统，我们就可以将离子加速到任何期望的速度）

第一张此类照片是由剑桥大学的布莱克特拍摄的，他拍摄的是一束衰变中产生的 α 粒子穿过充满氮气的云室[1]。首先可以看出，它显示了所有轨道有确定的长度，这是因为在气体中，粒子逐渐失去自己的动能，最终停止运动。粒子径迹有两组明显不同的长度，对应于粒子源中存在的两组不同能量的 α 粒子（粒子源两种同位素 THC 和 THC′ 的混合物）。在照片上我们还可以注意到，通常情况下，α 粒子的轨迹基本上是很直的，只是在粒子失去大部分初始能量的末端，才更容易与途中遇到的氮原子核非正面碰撞而发生明显的偏转。但是，在这张星状的 α 粒子图中，有一条轨迹很特别，它有一个特殊的分叉，分叉的一支又长又细，另一支又短又粗，这表明它是 α 粒子与电离室中一个氮原子核直接正面碰撞的结果。细长的轨道代表了撞击力将质子从氮原子核中击出的轨道，短而粗的轨道则对应于碰撞中被抛到一边的氮原子核本身。事实证明，没有第三条轨道与被弹射的 α 粒子相对应，这表明入射的 α 粒子已黏附在原子核上，并与原子核一起移动了。

在图版Ⅲ（b）中，我们看到了人工加速质子与硼原子核碰撞的效应。从加速器喷嘴发出的快速质子束（照片中间的暗影）击中了靠在开口处的一层硼，核碎片从周围的空气中向四面八方飞去。这张照片的一个有趣特征是，碎片的轨迹总是以三连体的形式出现（照片中可以看到两个这样的三连体，其中一个带箭

---

[1] 记录在布莱克特照片（本书未刊载）上的化学反应由以下方程式表示：
$$_7N^{14} + _2He^4 \longrightarrow _8O^{17} + _1H^1 \text{。}$$

头），这是因为硼原子核被质子撞击，分裂成三个相等的部分[①]。

图版Ⅲ（a）显示了快速移动的氘核（一个质子和一个中子形成的重氢原子核）和目标物质中其他氘核之间的碰撞[②]。

图中看到的较长的轨道对应于质子（核），而较短的轨道则是由三重氢原子核（即氚子）形成的。

如果没有涉及中子的核反应，任何云室图片库都是不完整的，中子和质子一样，是构成各种原子核的主要结构元素。

但是，在云室照片中寻找中子的轨道是徒劳的，因为中子是不带电的，这些"核物理的黑马"在行进途中不产生任何电离作用。但是当你看到猎人的枪口冒出一缕青烟，看到鸭子从天上掉下来的时候，尽管你看不见，你也能知道有一颗子弹飞出过。同样，在图版Ⅲ（c）中，一个氮原子核分裂成氦核（向下的一支）和硼核（向上的一支），看到这个你一定会意识到这个氮原子核受到了来自左边的一些看不见的高速粒子的猛烈撞击。事实也的确如此，为了拍到这样一张照片，我们要把镭和铍的混合物放在云室的左壁上，这就是目前已知的快中子源[③]。

把中子源的位置和氮原子破裂的点连接起来，就可以立刻看到中子穿过电离室的直线运动路径。

---

① 该反应的方程式为

$$_5B^{11} + {}_1H^1 \longrightarrow {}_2He^4 + {}_2He^4 + {}_2He^4$$

② 该反应的方程式为

$$_1H^2 + {}_1H^2 \longrightarrow {}_1H^3 + {}_1H^1$$

③ 这里发生的化学反应过程可以用以下方程式表示：

中子的产生：$_4Be^9 + {}_2He^4$（来自镭的 α 粒子）$\longrightarrow {}_6C^{12} + {}_0n^1$；

中子轰击氮原子：$_7N^{14} + {}_0n^1 \longrightarrow {}_5B^{11} + {}_2He^4$

铀核的裂变过程如图版IV所示。这张照片由包基尔德、勃劳斯特劳姆和娄瑞拍摄，它显示了从一张敷有一层铀的铝箔上，沿相反方向飞出两块裂变产物的过程。当然这张照片是显示不出引发这次裂变的中子和裂变过程所产生的中子的。我们可以通过使用加速粒子轰击原子核的方法得到无穷无尽的各种核变，但是我们现在应该转到更重要的问题上来，我们应该看看这种轰击的效率怎么样。一定要记住的是，图版III和IV所示的只是单个原子核分裂的情况，如果要把1克硼完全转变成氦，就得把所有的55 000 000 000 000 000 000 000个硼核全都击碎。目前，最强大的加速器每秒钟能产生1 000 000 000 000 000个粒子，即使每个粒子都击碎一个硼核，那也得让这台加速器持续工作5 500万秒，也就是差不多两年才行。

　　然而真相是，实际的效率要比这低得多，通常几千个高速粒子当中只有一个有希望能命中原子核靶子而发生裂变。效率极低的原因是原子核外的电子能够减慢入射带电粒子的速度。由于原子比原子核大得多，显然不能将每个粒子都直接对准原子核，因此每一个这样的粒子都必须穿透许多原子的电子壳层后，才能有机会命中其中一个原子核。我们可以用图73来解释，其中原子核由实心黑色球体表示，电子壳层由较亮的阴影表示。原子直径和原子核直径的比值约为10 000，因此目标区域与带电粒子的比值为100 000 000。另外，我们知道，一个带电粒子在穿过一个原子的电子壳层的过程中，会损失大约万分之一的能量，因此它在穿过大约10 000个原子壳层后会完全停止。从上面引用的数字可以很容易看出，10 000个粒子中大约只有1个有机会在将初始能量消耗殆尽之前撞击到某个原子核。考虑到这种带电粒子对

· 174 ·

目标材料的原子核进行破坏性打击的效率很低，我们发现为了要使 1 克硼全部转变，恐怕要将其置于最先进的加速器中持续工作两万年！

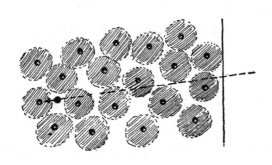

图 73　粒子撞击原子核示意

4. 核子学

总会有一些词，看起来似乎不是非常恰当，但却颇有实用价值，"核子学"就是其中一个。正如"电子学"一词用于描述自由电子束在实际应用领域中的概念一样，"核子学"一词也可理解为适用于大规模释放核能的应用性学科。我们在前面章节中已经看到，各种化学元素（银除外）的原子核内部都蕴藏着大量的内能。对于轻元素而言，核聚变时可以释放这些内能；对于重元素而言，核裂变时可以释放这些内能。我们还看到，人工加速带电粒子的核轰击方法，虽然对各种核转换的理论研究具有重要意义，但由于其效率极低，不能指望将它应用到实际当中。

不过效率低的原因主要是 α 粒子和质子是带电粒子，它们在穿过原子时会失去能量，又不容易靠近被轰击的靶原子核。当然我们会想到，如果改用不带电的中子进行轰击大概会好一些。但这是不容易做到的，因为中子可以很容易地进入原子核内，它们在自然界中不会以自由状态存在，即使凭借人工的方法，从某个原子核里"踢"出一个中子来（如铍靶在 α 粒子的轰击下会产生中子），它也会很快地被其他原子核重新俘获。

因此，为了产生用于核轰击的强中子束，我们就得从某些元素的原子核中把中子一个一个地"踢"出来。这样做的话我们岂不是又回到了低效率的带电粒子这一条老路上去了吗？

然而，有一种方法可以走出这个恶性循环。如果有可能让中子踢出中子，并以每一个中子不止踢出一个中子的方式进行，这些粒子就会像兔子繁衍（见图 98），或像受感染组织中的细菌繁殖那样增加。用不了多长时间，一个中子的后代很快就会变得足够多，多到足以攻击一大块物质中的每一个原子核。

由于发现了一种特殊的核反应，使得这种中子增殖过程成为可能，核物理学得到空前的发展，从作为研究物质最隐秘性质的纯科学这座安静的象牙塔中走出来，进入喧闹的报纸头条新闻、激烈的政治讨论和惊人的工业和军事发展旋涡。每个读过报纸的人都知道，核能，也就是通常所说的原子能，可以通过哈恩和斯特拉斯曼在 1938 年年底发现的铀核裂变过程释放出来。但如果认为裂变将一个重核分裂成两个几乎相等的部分，这样就能让核反应进行下去，那就错了。事实上，由裂变产生的两个核碎片携带着重电荷（每个重电荷约为铀核的一半），这会阻止它们接近其他原子核。因此，这些碎片进入相邻原子的电子壳层时将很快地失去最初具有的能量，从而静止下来，并不会产生任何进一步的裂变。

铀的裂变之所以能一跃成为极重要的过程，是由于人们发现铀核碎片在速度减慢后会放出中子，从而使核反应能够自行维持下去（见图74）。

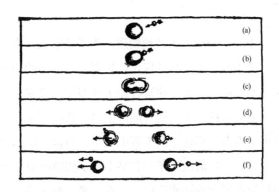

图 74　裂变过程中连续的各个阶段

　　裂变的这种特殊的缓发效应是基于这样一个事实产生的：像一个断裂弹簧的两部分一样，一个重原子核的两个断裂部分在裂开时处于相当剧烈的振动状态。这些振动不能引起二次核裂变（即每个碎片再一次分成两部分），但其强度足以引起一些粒子的喷射。要注意的是，当我们说每个碎片发射一个中子时，我们说的只是在统计意义上的平均数字；在某些情况下，一个碎片可能发射出来两个甚至三个中子，有的情况下则一个也不产生。从裂变碎片中释放出的中子的平均数当然取决于它振动的强度，而振动的强度又由原始裂变过程中释放的总能量决定。正如我们上面所看到的，裂变释放的能量随着所讨论的原子核质量的增加而增加，因此，我们可以预料到每个裂变碎片的平均中子数也随着元素周期表中原子序数的增大而增多。因此，金原子核的裂变（在这种情况下所需的激发能非常大，还没有在实验中实现）可能产生相当少的中子，大概比每个碎片一个中子要少；铀原子核的裂变则平均每个碎片一个中子（即每个裂变大约产生两个中子）；而在更重的元素（例如钚）的裂变中，每个碎片的平均中子数可能大于1。

如果有100个中子进入某种物质，为了能够满足中子的连续增殖条件，这100个中子显然应该产生多于100个的中子。而能否满足这一条件则要看中子使这种原子核裂变的效率有多高，还要看一个中子在造成一次裂变时能产生多少新的中子。要记住的是，尽管中子轰击效率远远高于带电粒子，但也无法达到百分之百。事实上总有一些高速中子在和某个原子相撞时只交换了部分动能，随后带着剩余的动能跑掉。这样一来，粒子的动能将分别消耗在几个不同的原子核上，且没有一个会发生裂变。

根据原子核结构的一般理论，可以得到这样一个结论：中子的裂变效率随着裂变物质的原子量的增加而增加，对于处于元素周期表末端的元素来说，裂变率接近百分之百。

现在我们可以给出两个中子数的例子，一个是中子增殖的有利条件，一个是不利条件。（1）假设我们有一个元素，其中快速中子的裂变效率是35%，每次裂变产生的平均中子数是1.6[①]。在这种情况下，100个原始中子将总共产生35次裂变，产生35×1.6＝56（个）下一代中子。很明显，在这种情况下，中子的数量会随着时间的推移而迅速减少，每一代中子只占前一代中子

[①] 这些数值的选择完全是为了举一个例子，并不符合任何实际的元素的真实数据。

的一半左右。（2）假设现在我们取一个更重的元素，其中中子的裂变效率上升到65%，平均每个裂变产生的中子数为2.2。在这种情况下，我们的100个原始中子将产生65次裂变，总裂变量为65×2.2＝143（个）。每一代中子的数量将增加50%，在很短的时间内，它们将多到足以攻击并分裂核样品中的每个原子核。我们在这里称这种反应为分支链式反应，并称能产生这种反应的物质为裂变物质。

对发生渐进性分支链式反应（见图75）的必要条件作细心的实验观测和深入的理论研究以后，可得出以下结论：在自然元素中，只有一种元素的原子核可能发生这种反应，那就是铀的轻同位素铀235。

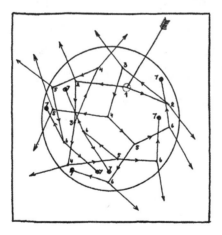

图75　杂散中子在球形可裂变材料中引发的核连锁反应（虽然许多中子在通过表面时丢失，但连续几代的中子的数量仍然在不断增加，最后导致爆炸）

然而，铀235在自然界中并不会单独存在，而总是和大量较重的非裂变同位素铀238混在一起（其中有0.7%的铀235和

99.3% 的铀 238），这阻碍了在天然铀中进行分支链式反应，就像湿木柴中的水分妨碍木柴的燃烧一样。但是，正是因为有这样不活泼的同位素和铀 235 混在一起，这种高裂变性的铀 235 才存在至今，否则它们早就会因为分支链式反应而迅速消失了。因此，如果想开发铀 235 的能量，那么就得先把铀 235 和铀 238 分离开来，或者研究出不让较重的铀 238 产生负面影响的办法。这两种方法在原子能释放问题的研究中都得到了实际应用，并取得了成功。由于这类技术问题不属于本书的范围[1]，我们只在这里简要地讨论。

两种铀同位素的直接分离是一个非常难的技术问题，因为它们具有相同的化学性质，这种分离不能用普通的工业化学方法实现。这两种原子的唯一区别在于它们的质量，一种比另一种重 1.3%。这就为我们提供了靠原子质量的不同来解决问题的一种方法，即基于扩散、离心或磁场和电场中离子束偏转等过程的分离方法。图 76（a）和（b）分别展示了两种主要分离方法的原理，并附上了简短说明。

---

① 关于更详细的讨论，读者可以参考塞利格·赫克特的书，这本书解释了 1947 年维京出版社首次出版的《原子解释》。由 Eugene Rabinowtch 博士修订和扩展的新版本可在 Explorer 平装本系列中找到。

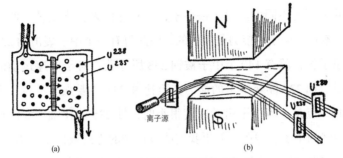

图 76　分离铀同位素的方法

（a）用扩散法分离铀同位素（含有两种同位素的气体被泵入燃烧室的左侧，并通过中央的隔板扩散到另一边，由于较轻的分子扩散得更快，右边的部分气体中就富含铀235）；（b）用磁法分离铀同位素［电子束通过一个强磁场，含有较轻的铀同位素的分子偏转得更强烈一些，为了提高粒子束的强度，必须使用较宽的缝，因此这两个光束（铀235和铀238）会部分地重叠，我们得到的只是部分的分离］

　　所有这些方法都有一个缺点：由于两种铀同位素的质量差异很小，所以分离不能一步完成，需要不停地重复进行，才能使轻的同位素一步步聚集。这样，经过相当多次重复后，可得到很纯的铀235。

　　一种更巧妙的方法是通过使用所谓的减速剂，人为减小天然铀进行分支链式反应时铀238产生的干扰。为了理解这种方法，我们要记住的是，较重铀同位素的干扰作用主要在于吸收铀235裂变产生的大量中子，从而破坏了连锁反应。因此，如果我们能够设法让中子在碰到铀235的原子核之前不被铀238的原子核俘获，那么裂变就能继续进行下去，问题也就得到了解决。不过铀238比铀235多了大约140倍，不让铀238得到大部分中子几乎是不可能的。但另外一个事实为我们提供了帮助，那就是两种铀同位素"俘获中子的能力"是随中子运动速度的不同而不同的。对于快中子，由于它们来自裂变核，两种同位素捕获中子的能力是相同的，因此每有一个中子轰击铀235的原子核，就有140个中子被铀238所俘获。对于中速运动的中子，铀238俘获中子的能力甚至比铀235还要强。不过，重要的一点是：当中子运动速度很小时，铀235能比铀238俘获多得多的中子。因此，如果我们能以这样的方式减慢中子裂变，在它们遇到下一个铀原子核（铀238或铀235）之前，初始速度大大减小，那么虽然铀235的原子核是少数，但比铀238的原子核有更多的机会俘获中子。

我们将大量天然铀的小颗粒添加到某种能使中子减速而本身又不会俘获过多中子的物质（减速剂）里面，就可以得到减速装置。用作减速装置的最佳材料是重水、碳和铍盐。在图77中，我们给出了一个示意图，说明了铀颗粒是如何通过慢化物质形成"堆"的[1]。

如上所述，铀的轻同位素铀235（仅占天然铀的0.7%）是目前唯一能够进行渐进式分支链式反应并释放出巨大核能的天然裂变物质。然而，这并不意味着我们不能人为地制造出与铀235具有相同性质，且在自然界中不存在的元素。事实上，通过在一个裂变物质在分支链式反应中所产生的大量中子，我们可以把其他原本不可裂变的原子核变成可裂变的原子核。

这类事件的第一个例子，就是上面提到的天然铀与减速剂

---

[1] 关于铀堆的更详细的讨论，读者可以参考有关原子能的专门书籍。

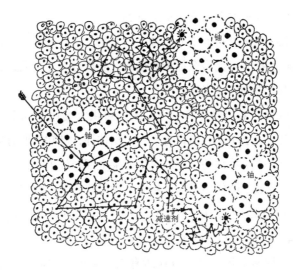

图 77　这张有点像生物组织的图片代表了嵌入减速剂物质（小原子）中的一团团铀原子（大原子）。在左侧的一团铀原子中有一个铀核裂变产生两个中子进入减速剂，并在与它们的原子的一系列碰撞过程中逐渐减慢速度。当这些中子到达另一团铀原子时，已被减速到相当的程度，这样就能被铀 235 的原子核所俘获，因为铀 235 俘获慢中子的效率比铀 238 高

混合成的反应"堆"。我们已经看到，使用减速剂以后可以降低铀 238 核俘获中子的能力，降低到足以让铀 235 核进行分支链式反应的程度。然而，还是会有一些铀 238 的原子核俘获中子。这样一来又会发生什么情形呢？

铀 238 俘获一个中子的直接结果当然就是变成更重的铀的同位素铀 239。然而，人们发现，这个新形成的原子核并不能存在很长时间，它一个接一个地发射出两个电子，变成一个原子序数为 94 的新化学元素的原子。这种人造的新元素叫作钚（Pu-239），它比铀 235 更容易发生裂变。如果我们把铀 238 换成另外一种天然放射性元素钍（Th-232），它在俘获中子和释放两个电子后，

就变成了另外一种人造裂变元素铀233。

因此，从天然可裂变元素铀235开始，进行循环反应，理论上和实际上都有可能将全部天然铀和钍变成可裂变物质，这些物质可作为浓缩的核能来源。

最后我们来粗略计算一下，未来可供人类用于和平发展或自我毁灭的战争中的总能量有多少。据估计，已知的所有天然铀矿中的铀235所蕴藏的核能的总量如果全部释放出来，可以满足世界的工业数年的使用需求。然而，如果我们考虑到将铀238转化为钚来使用的可能性，估计时间将延长到几个世纪。在考虑到把钍（转变成铀233）的蕴藏量增加到铀的四倍，进一步估计至少可用一到两千年，这足以让所有人不必担心"未来的原子能短缺"。

而且，即使所有这些核能资源都被用光了，并且也没有发现新的铀矿和钍矿，后代也仍然能够从普通岩石中获得核能。事实上，铀和钍与所有其他化学元素一样，都少量地存在于所有的普通物质中。比如每吨花岗岩中有4克铀、12克钍。乍一看可能太少了，但是如果算一算的话：1千克裂变物质所蕴藏的核能相当于2万吨TNT炸药爆炸时或2万吨汽油燃烧时放出的能量。因此，1吨花岗岩中的这16克铀和钍，就相当于320吨普通燃料。这就足以补偿复杂的分离步骤所带来的所有麻烦了，尤其是在矿产资源趋于枯竭的时候。

物理学家克服了铀等重元素核裂变中的能量释放后，又解决了称为核聚变的逆向过程，即两个轻原子核融合在一起形成一个重原子核，同时释放出巨大的能量的过程。在第十一章中读者们会看到，太阳的能量就来自氢核进行猛烈的热碰撞而合成较重的氦核这种聚变反应。为了实现这种所谓热核反应，以供人类应用，最合适的聚变物质是重氢，也就是氘，它在水里以少量形式存在。氘核含有一个质子和一个中子。当两个氘核相互碰撞时，会发生下面两个反应当中的一个：

$$2 \text{ 氘核} \longrightarrow {}_2\text{He}^3 + \text{中子；}$$

$$2 \text{ 氘核} \longrightarrow {}_1\text{H}^3 + \text{质子。}$$

氘必须处于高达数亿摄氏度的高温之下才能实现这种变化。

　　第一个成功的核聚变装置是氢弹，氢弹中的氘反应是由裂变弹的爆炸引起的。但是，一个更复杂的问题是如何控制为和平目的提供大量的能源热核反应，主要的困难是约束极热的气体——可利用强磁场使氘核不与容器壁接触（容器壁会融化和蒸发），并把它们约束在中心的热点区域。

第八章　无序规则

1. 热力学无序定律

如果你倒一杯水，仔细地观察，你会发现无论如何它的内部都是一致的，看不出任何的结构和运动，当然，前提是你没有晃动杯子。但我们知道，水的这种均质性只是表面现象，如果把水放大几百万倍，就会发现它具有明显的颗粒结构，是由大量的单个分子紧紧地挤在一起形成的。

在同样的放大倍数下，我们可以清楚地看到，水绝不是静止不动的，它的分子处于一种剧烈运动的无序状态，就像是拥挤的人群，人与人之间相互推挤。水分子或者其他物质分子的无序运动，通常被称作热运动，热现象就是这种运动的直接结果。尽管肉眼无法直接辨别分子和分子运动，但分子运动能使人体器官的神经纤维受到一定的刺激，从而使人产生热觉。对于那些和人类相比很小的生物来说，如悬浮在水滴中的细菌，热效应是非常明显的。这些弱小的细菌被周围作永不停息热运动的分子不断撞击，始终不会停止（见图 78），这种有趣的现象被称作布朗运动，它以英国生物学家布朗的名字命名。100 多年前，布朗在研究花粉时首次发现了这种现象。它是一种普遍存在的现象，可以在悬浮于任何一种液体中的任何一种物质颗粒上观察到，也可以在空气中飘浮的烟雾或尘埃中观察到。

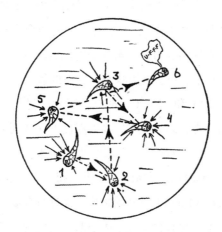

图 78　细菌被撞击的 6 个连续位置

如果我们把液体加热，液体中的悬浮颗粒的热运动会更加剧烈；如果将液体冷却，液体中的悬浮颗粒的热运动也会相应减弱。毫无疑问，我们所观察到的现象正是物质内部热运动的结果，我们通常说的温度仅是分子热运动的激烈程度的量度。通过研究布朗运动与温度之间的关系，发现温度在 -273℃，即 -459 华氏温度时，物质的热运动完全停止了，所有的分子都处于静止状态。这显然是最低温度，被称为绝对零度。如果有人提出更低的温度，那是相当荒谬的，因为显然没有比绝对零度下更慢的热运动。

在接近绝对零度时，一切物质的分子能量都很小，以致分子间的结合力使它们结合成硬块，它们唯一能做的就是在凝结状态下轻微地抖动。随着温度的升高，分子的运动变得越来越剧烈；

到了一定程度，分子能够进行一定程度的自由运动，从而能够相对滑动。这时，原来在凝结状态下所具有的硬度会消失，物质就变成了液体。物质的熔点取决于分子的结合力。有些物质，如氢或空气（氮和氧的混合物），它们分子间的结合力很小，在很低的温度下，它们的结合力就会被分子的热运动克服。氢要到14K（即−259℃）下才会处于凝固状态，固态的氧和氮则分别在55K和64K（即−218℃和−209℃）时开始融化。另一些物质的分子则有较强的结合力，因此能在较高的温度下保持固态。例如，纯酒精能在−114℃保持固态，固态的水（即冰）在0℃时才会融化。还有一些物质能在更高的温度下保持固态：铅在+327℃时开始熔化，铁在+1 535℃时开始熔化，而稀有金属锇能够将固态保持到+2 700℃。尽管物质处于固态时，它们的分子被紧紧地束缚在一定的位置上，但绝不是不受热运动的影响。实际上，根据热运动的基本定律，处于相同温度下的一切物质，无论是固体、液体、气体，其单个分子所具有的能量都是相同的，只不过对于某些物质来说，这样大的能量已足以使它们的分子挣脱束缚，而对于另一些物质来说，它们的分子只能在原位振动，如同被短短的链子拴住的疯狗一样。

固体分子的这种热颤动或热振动，在前面章节中讲到的X射线照片中可以很轻易地观察到。我们都知道，拍摄一张晶格分子的照片需要一定的时间，这就要求在曝光期间分子必须处于原来的位置不能移动，来回颤动非但无助于拍照，反而使照片模糊起来。这种模糊现象可以从图版 I 所示分子照片中看到。为了得到清晰的图像，必须尽可能地把晶体冷却，这一般是通过把晶体放在液态空气中实现的。反过来，如果把被摄影的晶体加热，照片就会变得越来越模糊，到达熔点时，由于分子能脱离原来的位置，在液体中作无规则运动，它的影像就会消失。

固体熔化后（见图79），分子仍然会聚集在一起，因为热冲击有足够的力量把它们从晶格上拉下来，却还不足以使它们完全分开。当温度进一步升高时，分子内的结合力再也不能将分子聚合在一起。如果没有周围容器壁的影响，它们将向四面八方分散开来，这样，物质就处于气态了。液体的气化和固体的熔化一样，不同的物质具有不同的气化温度。分子结合力小的物质变成

图79 分子在不同温度下的状态
（a）绝对零度；（b）室温；（c）熔点

气体所需要的温度比分子结合力强的物质低。汽化温度还与液体所受的压力大小有关系，外界压力能够帮助分子结合力使分子聚集在一起。就我们所知，在一个封闭水壶中的水会比在一个敞开水壶中的水更容易沸腾。另一方面，在大气压大为降低的高山顶上，水在不到100℃时就会沸腾。顺便提一下，测量水在某个位置的沸腾温度，就可以计算出大气压力，也就可以知道这个位置的海拔高度。

但是，可不要学习马克·吐温（Mark Twain）所说的那个例子[1]！他在一篇故事中讲到，他曾把一支无液气压计放到煮豌豆汤的锅里。这样非但不能测量出任何温度，这锅汤的滋味还会被气压计上的铜氧化物破坏。

一种物质的熔点越高，沸点也越高。液态氢在 -253℃时沸腾，液态氧和液态氮分别在 -183℃ 和 -196℃时沸腾，酒精在 $+78$℃时，铅在 $+1\,620$℃时，铁在 $+3\,000$℃时，锇要到 $+5\,300$℃时[2]才能沸腾。

固体中那美妙的晶体被破坏以后，它的分子先是像一队蛆虫一样爬来爬去，继而像一群受惊的鸟一样四散开来，但这并不是说，热运动的破坏力已经到达极限。温度继续升高就会威胁到分子的存在，因为分子间的碰撞会变得极为猛烈，有可能把它们撞成单个原子，这种被称为热分解的过程取决于分子间的强度。某

---

[1] 马克·吐温是著名的美国作家。在他的《漫游外国记》中有这样一则幽默故事：几个去阿尔卑斯山远足的人，想测量山的高度。这本来可以由气压计的读数计算出来，也可以通过测量水的沸点计算出来，但他们却记成把气压计放在水中煮一下，结果导致气压计损坏，而煮过气压计的水用来做汤时，味道竟然很好。

[2] 这里的数据均是在标准大气压下测得的。

些有机物质在几百摄氏度时就会变为单个原子或原子群，另一些分子可能要牢固得多，如水分子，它要到1 000多摄氏度时才会分解。不过在几千摄氏度时，分子就不复存在，整个世界将会是纯化学元素的气态混合物。

事实上，在太阳的表面温度可以到达6 000℃，而在比太阳冷一些的红巨星①中，已经通过光谱分析法证明了存在分子结构。

在高温下，剧烈的热碰撞不仅能把分子分解成原子，而且能使原子失去最外层的电子，这叫作电离。几万、几十万、几百万摄氏度的极高温度超过了实验室中所能获得的最高温度，然而这样的温度在包括太阳在内的恒星中的确是屡见不鲜的，电离会越来越占优势。最后，原子也不能完全存在，所有的电子层被层层剥去。物质只是一群光秃秃的原子核和自由电子的混合物，他们在空间中随意碰撞，尽管原子个体遭到严重的破坏，但只要它的原子核保持完好，物质的基本化学性质就不会改变。如果温度降低，原子核就会重新捕捉自己的电子而形成完整的原子（见图80）。

为了得到彻底分解的物质，需要将原子核分解为单独的核子（质子和中子），温度至少要达到几十亿摄氏度。这样高的温度，目前即使在最热的恒星内部也未发现，也许在几十亿年以前，我们的宇宙正年轻时存在过这么高的温度。这个令人感兴趣的话题我们将在本书最后一章加以讨论。

———————————————

① 红巨星：见第十一章。

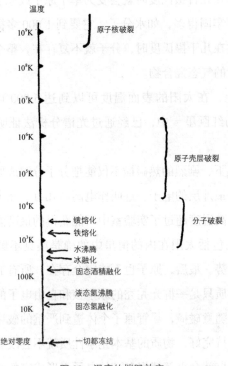

温度

10^9K ——— 原子核破裂

10^8K ———

10^7K ———

10^6K ———

10^5K ——— 原子壳层破裂

10^4K ———

——— 锇熔化

——— 铁熔化 分子破裂

10^3K ———

——— 水沸腾

——— 冰融化

——— 固态酒精融化

100K ———

——— 液态氢沸腾

——— 固态氢融化

10K ———

绝对零度 ——— 一切都冻结

图 80　温度的摧毁效应

我们看到，热冲击的结果使按量子力学定律构筑起的精巧的物质结构逐步被破坏，并把这个宏大的结构变成一群乱糟糟的横冲直撞、毫无规律的粒子。

2. 如何描述无序运动

如果你认为热运动是无规则的，所以无法对它进行任何物理描述，那你就大错特错了。对于完全无规则的热运动，有一类叫作无序定律，或者更常被称为统计定律的新定律在起作用。为了理解这一点，让我们把注意力转移到"醉汉走路"的问题上来。假设我们在某个广场上看到一个醉汉倚靠着在一根灯柱（天晓得他是在什么时候怎样跑到这儿来的），他突然决定随便动一下。他先朝一个方向走了几步，然后又朝另外的方向走了几步，就这样，每走几步就随意换个方向（见图81）。那么这位仁兄在这样弯弯曲曲地走了一段路程，比如转折了100次之后，他离灯柱有多远呢？乍一看来，由于对每一次转折的情况不能事先加以估计，这个问题似乎无法解答。然而，仔细思考一下就会发觉，尽管我们不能说出这个醉汉在走完一定路程后肯定位于何处，但我们还是能答出他走完相当多的路程后距离灯柱最可能的距离有多远。现在，我们就用严格的数学方法来解决这道题目。以广场上的灯柱为原点画两条坐标轴，X轴指向我们，Y轴指向右方。R表示醉汉进行N次转折后（图81中N为14）与灯柱的距离。若X_n和Y_n分别表示醉汉所走路径的第N个分段在相应坐标轴上的投影，由毕达哥拉斯定理可以得出：

$$R^2 = (X_1 + X_2 + X_3 + \cdots + X_n)^2 + (Y_1 + Y_2 + Y_3 + \cdots + Y_n)^2$$

这里的X和Y既可以是正数，也可以是负数，视这位醉汉是离开还是接近灯柱而定。应该注意，既然他的运动完全无序，因此在X和Y的取值中，正数和负数的数量应该是差不多相等的。现在我们按照数学的基本运算规则展开上式的括号，即把括号内的每一项都与括号内的任一项相乘：

$$(X_1 + X_2 + X_3 + \cdots + X_n)^2$$
$$= (X_1 + X_2 + X_3 + \cdots + X_n)(X_1 + X_2 + X_3 + \cdots + X_n)$$
$$= X_1^2 + X_1 X_2 + X_1 X_3 + \cdots + X_2^2 + X_1 X_2 + \cdots + X_n^2$$

这一长串数值包括了 X 的所有平方项（X_2^1，X_2^2，$\cdots$，X_n^2）和所谓的"混合积"，如 X_1X_2，X_2X_3，等等。

到目前为止，我们所用的都是简单的数学方法，但是由于醉汉所走路径的无序性，我们要用到统计学的知识。醉汉朝灯柱走或者背灯柱走的可能性相等，因此 X 的各个取值中正、负数值会各占一半。因此，在混合积中，总是可以找出数值相等、符号相反的可以相互抵消的数对。N 的数值越大，这种抵消就会越明显。只有那些平方项总是正数，因此能够保留下来。这样，总的结果就变成

$$X_1^2 + X_2^2 + \mathsf{L} + X_n^2 = NX^2$$

X 表示各段路程在 X 轴上投影长度的平均值。

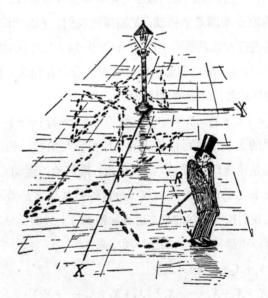

图 81　醉汉所走的路线

同理，第二个括号也能化为 NY^2，Y 是各段路程在 Y 轴上投影长度的平均值。必须再次强调，我们所进行的并不是严格的数学运算，而是考虑到了运动随意性的自然规律的统计学运算。现在，我们得到醉汉离灯柱的可能距离为

$$R^2 = N\,(\,X^2 + Y^2\,)$$

或

$$R = \sqrt{N} \cdot \sqrt{X^2 + Y^2}$$

但是各路程在两根轴上的 45° 投影相等，所以由毕达哥拉斯定理得 $\sqrt{X^2 + Y^2}$ 等于平均路程的长度。用 1 表示平均路程的长度，我们得到

$$R = 1 \cdot \sqrt{N}$$

通俗地讲，醉汉在走了许多段不规则的弯折的路程后，距灯柱的最可能的距离为各段路径的平均长度乘以路径段数的平方根。

因此，如果这个醉汉每走 1 码① 就拐一个弯（以任意方向），那么，他走了 100 码的长路后，他距灯柱的距离一般只有 10 码；如果笔直地走，就能走 100 码——这表明，走路时有清醒的头脑肯定会占很大的便宜。

从上面的例子我们可以看出统计规律的本质：我们给出的并不是每一种场合下的精确距离，而是最可能的距离。如果有一个醉汉偏偏能够笔直走路而不转弯（尽管这种醉汉太罕见），他就会沿着直线离开灯柱。如果一个醉汉每次都转弯 180°，他就

---

① 1 码 =0.9144 米。

会在第偶数次转弯的时候到达灯柱的位置。但是，如果有一大群醉汉都从同一根灯柱开始互不干扰地按"之"字形路线走自己的路，那么，经过足够长的时间后，你将会发现他们会按上述规律分布在灯柱四周的广场上。图82所示为六个醉汉无规则走动时的分布情况，毋庸置疑，醉汉越多，不规则转弯的次数越多，上述规律就越适用。

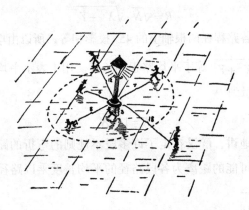

图82　六个醉汉无规则走动时的分布情况

　　现在，把一群醉汉换成一批很小的物体，如悬浮在液体中的植物花粉或细菌，你就会看到生物学家布朗在显微镜下看到的那种现象。当然，花粉和细菌是不喝酒的，但我们在前面说过，他们被卷入了周围分子的热运动，被不停地撞击到各个方向，因此被迫走出弯弯曲曲的路线，恰似因酒精作用而失去方向感的人一样。

　　通过显微镜观察一滴水中的许多小颗粒的布朗运动时，你可以集中精力观察在某个时刻位于同一区域的（类似于灯柱的位置）的一批颗粒。你会发现，随着时间推移，它们会分散在视野中的各个地方，而且它们与原来位置的距离同时间的平方根成正比，正如我们在推导醉汉公式时所得到的数学公式一样。

这条定律当然也适用于水滴中的任意单个的分子。但是，我们看不到单个的分子，即使看见了，也无法将它们互相区分开来。为了看到它们的运动，我们必须用两种不同的颜色区分两个不同的分子。现在，我们拿一个试管，注入一半呈漂亮紫色的高锰酸钾水溶液，再小心地注入一些清水，同时注意不要把这两层液体搞混。观察这个试管，我们就能看到，紫色将渐渐进入清水中。如果观察足够长的时间，全部液体就会变成颜色均匀的统一体（见图83）。这种大家熟知的现象叫作扩散。它是高锰酸钾的分子在水中作无规则热运动的结果。我们把每一个高锰酸钾分子看成一个小醉汉，它不停地被周围的分子撞击。水分子间的距离较小（与气体分子相比），因此两次连续碰撞间的平均自由程很短，大约只有亿分之一英寸。另一方面，在室温下，分子的速度大约为0.1英里／秒。因此，一个分子每隔一万亿分之一秒就会发生一次碰撞。这样，每经过1秒，单个染料分子发生碰撞并转换方向上万亿次，它在1秒内走出的距离是亿分之一英寸（平均自由程）乘以一万亿的平方根，即每秒走出1%英寸，这就是扩散速度。考虑到在没有碰撞时，分子在一秒后就会跑到0.1英里以外的地方去，可见这个速度是很慢的。要等上100秒，分子才会挪到10倍（$\sqrt{100}=10$）远的地方；要经过10 000秒，也就是将近3个小时，颜色才会扩展100倍（$\sqrt{10\,000}=100$），即1英寸远。由此可知，扩散是一个相当慢的过程。所以，如果你向茶里放糖[①]，还是要用汤匙搅动，不要傻等分子自行运动到各处。

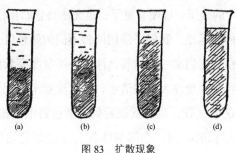

(a)　　　　　(b)　　　　　(c)　　　　　(d)

图83　扩散现象

我们再来看一个扩散的例子——热在火炉拨火棍中的传导方式，这是分子物理学中最重要的过程之一。首先，我们考虑热量是通过什么方式在拨火棍中传递的。把拨火棍的一端插入火中，根据经验，另一端要在相当长的一段时间后才会烫手。你大概不知道热量是靠电子的扩散传递过来的。拨火棍也好，其他金属物体也好，内部都有许多电子，这些电子与诸如玻璃之类的非金属物体中的电子不同。金属中的那些位于原子核外层的电子能够脱离原子核，在金属晶格内游荡，他们会像气体中的微粒一样参与不规则运动。

金属物体的外表面会对电子施加作用力，阻碍它们脱离束缚[②]；但在金属物体内部，电子几乎可以自由运动。如果给一根

---

① 欧美人有饮茶加糖的习惯。
② 当金属丝处于高温状态时，它内部电子的热运动将变得足够猛烈，使得一些电子从表面射出。这种现象已被应用于电子管，是无线电爱好者所熟知的事实。

金属丝施加电场力，这些不受约束的自由电子将沿电场力的方向运动，形成电流；而非金属物体的电子则被束缚在原子上，不能自由运动，因此，非金属物体大多是良好的绝缘体。

把金属棒的一端插入火中，该部分金属棒中的自由电子的热运动便会加剧，于是，这些高速运动的电子就开始携带过多的热能向其他部位扩散。这个过程很像染料分子在水中扩散的情形，只不过这里不是两种不同的微粒（水分子和染料分子），而是热电子扩散到冷电子的区域中去。醉汉走路的定律在这里同样适用，热在金属棒中传递的距离与相应时间的平方根成正比。

最后，再举一个与前两者截然不同的、具有宇宙意义的非常重要的扩散的例子。在下一章中，我们将看到，太阳的能量是由它自己内部深处的元素在嬗变时产生的，这些能量以辐射的形式释放出去。这些光微粒，或者说光量子，从太阳内部向表面运动。光的速度为 300 000 千米 / 秒，太阳的半径为 700 000 千米。所以，如果光量子走直线，只需要 2 秒钟就能从太阳中心到达太阳表面。但事实上绝非如此，光量子在向外运行时，要与太阳内部无数的原子和电子相撞。光量子在太阳内的自由程约为 1 厘米（比分子的自由程大多了）。太阳的半径是 70 000 000 000 厘米，这样，光量子就得像醉汉那样转弯（7×10^{10}）^{2} 次即 5×10^{21} 次后才能到达太阳表面。这样，每一段路程需要花费 $\frac{1}{3 \times 10^{10}}$ 秒即 3×10^{-11} 秒，而整个旅程所用的时间即 $3 \times 10^{-11} \times 5 \times 10^{21} = 1.5 \times 10^{11}$（秒），也就是 5 000 年左右！我们又一次看到扩散过程是何等缓慢。光从太阳中心走到太阳表面要花 50 个世纪，而从太阳表面穿越星际空间直线到达地球，却仅仅需要 8 分钟。

3. 概率计算

上面关于扩散的讨论只是把概率的统计定律应用于分子运动的一个简单例子。在深入讨论之前，我们要尽力理解有关熵的所有重要理论，它适用于所有物质的热运动，小到一滴液体，大到由恒星组成的宇宙。我们要先学习一点计算各种简单和复杂事件的可能性（即概率）的方法。

到目前为止，最简单的概率计算问题应该是掷硬币问题。我们都知道，抛出的硬币正面朝上和反面朝上的机会是相等的（如果不作弊的话）。在数学上我们说这种机会是均等的。如果把得正面的机会和得反面的机会相加，就得到 $\frac{1}{2}+\frac{1}{2}=1$。在概率论中，1 意味着必然发生。在抛掷硬币时，你可以肯定地判断，不是得正面就是得反面，除非硬币滚到沙发下找不到了。

假设你把一枚硬币抛掷 2 次，或者同时抛掷 2 枚硬币（这两种情况是一样的），那么不难看出，会有图84所示的4种可能性。

第一种情形是得到 2 个正面，最后一种情形是得到 2 个反面，中间的两种情形实际是同一种，因为哪枚是正面，哪枚是反面是无所谓的。这样，我们可以说，得到 2 个正面的机会是 1：4，即 $\frac{1}{4}$；得到 2 个反面的机会是 1：4，即 $\frac{1}{4}$；得到一个正面一个反面的机会是 2：4，即 $\frac{1}{2}$；因此可以得到 $\frac{1}{4}+\frac{1}{4}+\frac{1}{2}=1$。这就是说，抛掷 2 枚硬币，三种情形必定会出现一种。再来看抛掷 3 枚硬币

图 84　抛掷 2 次硬币的 4 种可能组合

的情形，可能性概括起来如下：

第一枚　正　正　正　正　反　反　反　反

第二枚　正　正　反　反　正　正　反　反

第三枚　正　反　正　反　正　反　正　反

　　　　Ⅰ　Ⅱ　Ⅲ　Ⅳ　Ⅴ　Ⅵ　Ⅶ　Ⅷ

可以看出，三枚硬币均为正面的概率为 $\frac{1}{8}$，三枚硬币均为反

面的概率也为 $\frac{1}{8}$，剩余的两正一反和两反一正的概率相等，均

为 $\frac{3}{8}$。

我们再看看抛掷 4 枚硬币的情形。这时有以下 16 种可能性：

第一枚　正正正正正正正正反反反反反反反反

第二枚　正正正正反反反反正正正正反反反反

第三枚　正正反反正正反反正正反反正正反反

第四枚　正反正反正反正反正反正反正反正反

　　　　Ⅰ Ⅱ Ⅱ Ⅲ Ⅱ Ⅲ Ⅲ Ⅳ Ⅱ Ⅲ Ⅲ Ⅳ Ⅲ Ⅳ Ⅳ Ⅴ

因此，我们得到 4 个正面的概率为 $\frac{1}{16}$，得到 4 个反面的概率也为 $\frac{1}{16}$，三正一反和三反一正都各有 $\frac{4}{16}$ 即 $\frac{1}{4}$ 的概率，正反相等的概率为 $\frac{6}{16}$，即 $\frac{3}{8}$。

如果你试图用相同的方式抛掷硬币许多次，这个表格就会非常长，很快你的纸上就会写不下。例如，抛掷 10 次会得到 1 024 种可能性（即 $2 \times 2 \times 2 \times 2 \times 2 \times 2 \times 2 \times 2 \times 2 \times 2$）。不过，我们根本不必要罗列这么长的表格，只要从前面列过的几张简单情况的表格中，就可以观察出判断概率大小的简单法则，并把它运用到较复杂的情况中去。

首先，我们可以看到，抛掷两次得到 2 个正面的概率等于第一次和第二次分别得到正面的概率的乘积，具体说来就是

$$\frac{1}{4} = \frac{1}{2} \times \frac{1}{2}$$

同样，连得 3 个正面和连得 4 个正面的概率也为每次抛掷得正面的概率的乘积：

$$\frac{1}{8} = \frac{1}{2} \times \frac{1}{2} \times \frac{1}{2} \ , \ \frac{1}{16} = \frac{1}{2} \times \frac{1}{2} \times \frac{1}{2} \times \frac{1}{2}$$

如果有人问连掷 10 次均得正面的概率有多大，你可以毫不费力地把 10 个 $\frac{1}{2}$ 相乘的结果告诉他，这个数是 0.000 98。它表明出现这种情况的可能性很小，大概只有千分之一的机会！这就是概率乘法法则。具体地说，如果你需要同时得到几个不同的时间的概率，你可以把单独一个时间发生的概率相乘得到总的概率。如

果你有许多事件，每一个事件实现的概率都很低，那么，你希望它们全部实现的概率实在是低得令人沮丧。

另外，还有一个法则，那就是概率的加法法则。内容是：如果你需要事件中的一个（任意一个都行），这个概率就等于所需的各个事件单独实现的概率之和。

概率的加法法则可以用将一枚硬币抛掷 2 次，得到正反各一的概率相等的例子来说明。你所需要的"先正后反"或者"先反后正"这两个事件，每个单独实现的概率均为 $\frac{1}{4}$，因此"先正后反"或者"先反后正"事件发生的概率为 $\frac{1}{4} + \frac{1}{4} = \frac{1}{2}$。总之，如果你要求的是"某事，和某事，还有某事……"同时发生的概率，就应该把各事单独实现的概率相乘；如果是求"或者某事，或者某事，或者某事……"的概率，就应该把各个概率相加。

第一种情况，所有事件都发生的概率，要求的事件越多，实现的可能性越小；第二种情况，即只求某一事件发生的情况，供选择的事件越多，得到满足的可能性越大。

当实验的次数很多时，概率定律就变得很精确了。抛掷硬币的实验很好地证明了这一点。图 85 给出了抛掷 2 次、3 次、4 次、10 次和 100 次硬币时，得到不同正、反面分布的概率。可以看出，抛掷的次数越多，概率曲线就变得越陡峭，正、反面均以 0.5 的概率出现的峰值也就越突出。

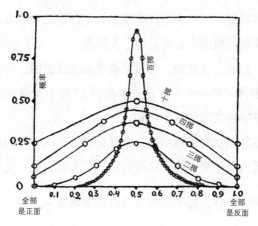

图 85　得到正面、反面的相对次数

　　因此，在投掷 2 次、3 次以至 4 次的情况下，出现全是正面或全是反面的概率是可计算的。在投掷 10 次的情况下，出现 90% 是正面或反面的概率也是很低的。如果次数更多，例如投掷 100 次或 1 000 次，概率曲线会变得像一根针，即使在对半的分布上稍微偏离一点点，实际上也是不可能实现的。

　　现在，我们用刚刚学过的概率计算的简单法则，判断在一种有名的扑克游戏中，5 张牌出现各种组合的可能性。

　　如果你还不会玩这种扑克游戏，我先简单介绍一下规则：参加者每人摸 5 张牌，得到最好的组合牌型者为赢家。这里我们忽略了为了凑成一手好牌而交换几张牌所引起的附加变化，也不讨论用诈术给对方造成你得到好牌的错觉而自动认输的心理学战术——其实诈术才是这种牌的核心所在，并使丹麦著名物理学家玻尔设计了全新的玩法：根本无须用牌，参加者只需要说出自己想象的组合，并相互蒙诈就行。这已全然超出概率计算的范畴，成了纯心理学的问题。

现在让我们以计算出现某些组合的概率作为练习。有一种组合叫作"同花"，即 5 张牌都属于同一花色（见图 86）。

图 86　同花（黑桃）

如果想要摸到一副同花，第一张牌是什么无所谓，只要计算另外 4 张和第一张属于同一个花色的概率就行了。一副牌共 52 张，每一种花色有 13 张[1]，在你摸去第一张以后，这种花色只剩下 12 张。因此，第 2 张也属于这一花色的机会为 $\frac{12}{51}$。同样，第三、第四、第五张属于同一花色的概率分别为 $\frac{11}{50}$、$\frac{10}{49}$、$\frac{9}{48}$，既然我们求 5 张牌为同一花色的概率，就要用概率的乘法法则。这样，你会发现，得到同花的概率为：

$$\frac{12}{51} \times \frac{11}{50} \times \frac{10}{49} \times \frac{9}{48} = \frac{11\,880}{5\,997\,600} \approx \frac{1}{500}$$

但是，不要以为每摸 500 次，一定会得到一次同花，你可

----

① 此处省去了 52 张牌以外的、可代替任意一张牌的"百搭"所引起的复杂变化。

能一次也摸不到，也可能摸到两次，我们这里仅仅是在计算可能性。有可能你连摸500多次，一次同花也摸不到；也可能恰恰相反，你第一次就摸到同花。概率论所能告诉你的，只是在500次游戏中，可能碰到一次同花。用同样的方法可以计算出，在三千万次游戏中，可能有10次得到5张"爱司"（包括一张"百搭"在内）的机会。

另一种更为少见，因而也就有更为宝贵的组合就是所谓的"福尔豪斯"，又称为"三头两只"。它包括一个"对"和一个"对半"（即有2张牌同一点数，另外的3张牌为相同的另一点数，如图87所示的2张5、3张Q）。

图87　三头两只

做成"三头两只"时，前两张牌为什么点数是无所谓的，但在后面的3张牌中，则应有两张与前面的两张之一的点数相同，第三张与前面两张中的另一张点数相同。因为除了前两张牌，还剩下六张牌（如果已摸到1张5、1张Q，那就还剩下3张5和3张Q）可供组合，所以第三张满足要求的概率是$\frac{6}{50}$；在

206

剩余的 49 张牌中还有 5 张合格的牌，所以第四张也满足条件

的概率为 $\frac{5}{49}$；第五张也满足要求的概率为 $\frac{4}{48}$。因此，得到

"三头两只"的概率为：

$$\frac{6}{50} \times \frac{5}{49} \times \frac{4}{48} = \frac{120}{117\,600}。$$

数值大约是同花概率的一半[①]。

　　同样，我们还能计算出其他组合如"顺子"（即点数连续的

五张牌）等的概率，以及算出包括"百搭"在内和进行交换所表

现的概率来。

　　通过计算可以看出，扑克中一副牌的好坏正是与它的数学

概率值相对应的。这究竟是以前的某位数学家整理提出的，还是

靠聚集在全世界的各个豪华或破烂赌窟里数以百万计的赌徒们用

钱财冒险总结经验得来的？我们不得而知。如果是后者，我们必

须承认对于复杂事件的相对概率来说，我们有一个相当好的统计

素材。

　　另一个有趣而结果出乎意料的概率计算的例子是所谓的"生

日重合"问题。回忆一下，你是否在同一天被邀请参加两个不同

的生日聚会。你可能会说这种可能性很小，因为你大概只有 24

---

① 实际上概率还要小一些，因为上述计算中还包括"四头一只"（暂且这样称呼四张同
　点牌加上其他任意一张的情形）。这种概率为

$$2 \times \left(\frac{3}{50} \times \frac{2}{49} \times \frac{1}{48} \right) = \frac{12}{117\,600}$$

　减去这个数后，得到三头两只的概率为

$$\frac{120 - 12}{117\,600} = \frac{108}{117\,600}$$

位朋友会邀请你参加他们的生日聚会。而一年有365天，既然有这么多的天数可供选择，因此，你的24个朋友中，两个人在同一天吃生日蛋糕的机会一定是非常小的吧！

然而，你的判断大错特错。尽管听起来似乎不能令人置信，但实际情况却是：24人中，有两个人、甚至几组两个人生日相重合的概率是相当高的，实际上要比不出现重合的概率还要大。

你可以通过列出24人的生日表来证明这一点或者直接从《美国名人录》之类的书中任选一项，随意点出24个人来查看。当然，我们也可以用在投掷硬币和玩扑克这两个例子中的简单概率运算法则，来计算这道题目的概率。

我们先来计算24个人生日各不相同的概率，先看第一个人，她的生日可以是365天中的任意一天。那么，第二个人与第一个人生日不在同一天的概率有多大呢？第二个人可能出生在一年中的任何一天，他有$\frac{1}{365}$的概率与第一个人重合，当然有$\frac{364}{365}$的概率不重合。同样，第三个人与前面两人都不在同一天出生的概率为$\frac{363}{365}$，这是排除前两天的缘故。再后面的人，生日不与前面任何一个人生日相同的概率依次为$\frac{362}{365}$、$\frac{361}{365}$、$\frac{360}{365}$，等等。最后一个人的概率为$\frac{365-23}{365}$，即$\frac{342}{365}$。

把所有这些分数相乘，得到所有人的生日都不相重合的概率为：

$$\frac{364}{365} \times \frac{363}{365} \times \frac{362}{365} \times L \times \frac{342}{365}。$$

用高等数学的方法进行计算，几分钟就可以得出乘积来。如果不用高等数学，那只能用直接相乘的办法一步一步算出来，这费不了多长时间。结果约为 0.46，这说明生日不相重合的概率稍小于 0.5。换句话说在这 24 个朋友中，没有两个人在同一天过生日的可能性为 46%，而有重合的可能性是 54%。所以，你有 25 个朋友或更多些，但却从来没有在同一天被两个人邀请去赴生日聚会，那么你可以做出肯定的判断，要么他们大多数人不搞生日聚会，要么他们没有邀请你参加。

这个生日重合的问题可以作为一个很好的例子，来说明通过常识想当然地来判断复杂事件的概率是多么不靠谱。我本人曾问过好多人这个问题，其中还有不少是卓越的科学家，结果除一人外，其他人都下了从 2 对 1 到 15 对 1 的赌注打赌说，不会发生这种可能性。如果某个人跟他们都打了赌，他一定可以靠此发财。

有一点需要再次强调，尽管我们能够依据给定你的规则把不同事物发生的概率计算出来，并找出其中最大的概率，但这并不等于我们能够确定接下来会发生什么。除非我们把试验重复做上千遍、上万遍，重复上亿遍更好，否则我们只能推测说"大概"会怎么样，而不能说"一定"会怎么样。当只进行有限的几次试验时，概率定律就不那么管用了。我们来看一个试图用统计规律来翻译一段密码的例子。在爱伦·坡（Edgar Allan Poe）的著名小说《金甲虫》中，有一位勒格让先生，当他在南卡罗来纳州的荒凉的沙滩上溜达时，发现了一张半埋在湿沙里的羊皮纸。当在寒冷的室外时，羊皮纸上什么也没有，但在勒格让先生的房间里受了火炉的烘烤后，就显现了一些清晰可辨的神秘的红色字符。

符号里有一个骷髅头，暗示着这份手稿是一个海盗所写；还有一个山羊头，说明这个海盗正是有名的基德船长；还有一些符号，无疑是指明一处埋藏珍宝的地方（见图88）。

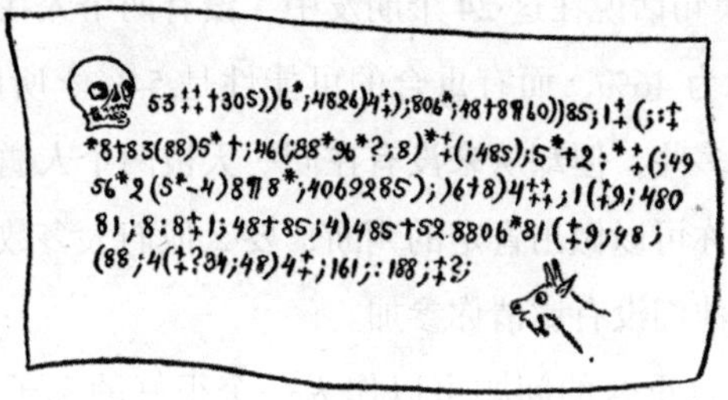

图 88　基德船长的手稿

我们不妨尊重爱伦·坡的威望，姑且承认 17 世纪的海盗认识分号、引号和今天常用的各种符号，如‡、+、¶等。

为了得到那笔钱，勒格让先生绞尽脑汁想出这段密码，最后，他按照英文中各个字母出现的相对频率来进行破译。他的依据在于：随便找一段英文，不管是莎士比亚的十四行诗还是华莱士的侦探小说，统计各个字母出现的频率，就会发现字母 e 出现的频率遥遥领先，其余字母出现频率的顺序依次是：

a, o, i, d, h, n, r, s, t, u, y, c, f, g, l, m, w, b, k, p, q, x, z。

勒格让数了数基德船长的密码，查出数字 8 出现的次数最多。"啊哈，"他想，"也就是说，8 大概是 e。"

是的，在这一点上他猜对了。当然，这只是大概，而不是一定。如果这段密码写的是 "You will find a lot of gold and coins in iron box in woods two thousand yards south from an old hut on Bird Island's north tip （在鸟岛北端的旧茅屋南面 2 000 码处树林中的

一个铁箱内，你可以找到许多金币）"，这里可就一个 e 也没有！不过概率论帮了勒格让的大忙，他真的猜对了。

第一步走对了，这使得勒格让先生信心大增，他按同样的方法列出了各字母出现的次数表。表4就是按出现频率排列的基德船长手稿中的符号表。

表4 基德船长手稿中的符号表

符号	出现次数	按概率排列顺序	实际字母
8	33		
;	26	e	e
4	19	a	t
‡	16	o	h
)	16	i	o
*	12	d	s
5	11	h	n
6	11	n	a
(	10	r	l
1	8	s	r
+	7	t	f
0	6	u	d
9	5	y	l
2	5	c	m
3	4	f	b
:	4	g	g
?	3	l	y
π	2	m	u
—	1	w	v
.	1	b	c
	1	k	p

表中第三列是按各字母在英语中出现的频率排列的（由高到低），所以有理由假设第一栏中的各符号与同一行中的字母逐个对应。但是按照这样的安排，基德船长的手稿开始的部分就变成了 ngiiugynddrhaoefr…

这串字母什么意思也没有！

怎么回事呢？是不是基德这个老海盗诡计多端，采用了与英语字母出现频率不相同的另一套特别的单词呢？不可能。原因很简单，这篇文字太短了，以致概率学的最大概率分布不起作用。如果基德船长把珍宝以一种很复杂的方法藏起来，然后用好几页纸写成密码，那么勒格让先生用概率论来解释这个谜就会有把握得多；如果是一本厚厚的书，那就更不成问题了。

如果抛掷硬币 100 次，你可以很有把握地判断正面朝上的次数约为 50 次，但是抛掷 4 次，你可能得到 3 次正面朝上、一次反面朝上或者 3 次反面朝上、一次正面朝上。试验次数越多，概率计算就越精确，这时它才能成为一条定律。

由于这篇密码的字数太少，不足以运用统计分析，勒格让先生只能凭借英语中单词的细微字母结构来进行破译。首先他依然假设出现次数最多的"8"为字母"e"，因为他注意到"8 8"组合在这小段文字中经常出现（5 次）。大家知道，e 在英语中是经常双写的，如 meet、fleet、speed、seen、been、agree 等。其次，如果"8"真的是 e，那么它一定为作为"the"的一部分在文中经常出现。查阅手稿，我们发现"；48"这个组合在文中出现了 7 次，因此我们假设"；"为 t，"4"为 h。

读者们可以自己去破译爱伦·坡这篇故事中基德船长的秘密文字。原文如下："A good glass in the bishop's hostel in the devil's seat. Forty-one degrees and thirteen minutes northeast by north. Main branch seventh limb east side. Shoot from the eye of the death's head. A beeline from the tree through the shot fifty feet out.（主教驿站内的魔像座位下面有面镜子。北偏东 41°13'。主干上朝东的第七根

树枝。向骷髅的眼睛开一枪。从那棵树沿子弹方向走 50 英尺）"。

勒格让先生最后译出的字母列在表上最后一栏，可以看出，它们与概率定律统计的字母分布不甚相符。不过，在这个小小的统计样品中，我们也能注意到各个字母有按概率论的要求排列的趋势，一旦字母的数量足够大，这个趋势就会变成确凿的事实。

关于用大量试验来实际检验概率论的例子大概只有一个，这就是著名的星条旗与火柴的例子（排除保险公司不会破产的事实）。

为了验证这个特殊的概率问题，你需要一面美国国旗，即那种红白条相间的旗子。如果没有这种旗子，在一张纸上画上若干道等距的平行线即可。然后再拿一盒火柴———什么火柴都行，确保它们短于平行线间的距离即可。此外，还需要一个希腊字母 π。它除了是一个希腊字母，还表示圆的周长与直径的比值。你可能知道这个数值，大约等于 3.141 592 653 5…（还有许多位数字，不过没必要再继续写下去）。

现在把旗子铺在桌子上，投掷一把火柴，然后看它们落在旗子上（见图 89）。它们可能完全落在一条带子上，也可能全部压在两条带子上。这两种情况发生的概率各有多大呢？

要想确定概率，首先也得像其他题目一样，弄清各种可能情况发生的次数各为多少。

但是，火柴落在旗子

图 89　在旗子上投掷火柴

上有无限多种方式，怎么能确定所有的可能性呢？

让我们把这个问题仔细考虑一下。火柴落在条带上的情况，可由火柴中心点到最近条带边界的距离以及火柴与条带走向所成的角度来决定。如图 90 所示，我们给出三种典型的火柴落在条带上的情况。为简便起见，把火柴的长度与条带宽度取相同的值，2 英寸。如果火柴的中点离边界很近，角度又较大（如例 a），火柴便与边界相交。相反地，如果角度较小（如例 b），或者距离较大（如例 c），火柴就会全部落在一条条带上。更精确地说，如果火柴长度的一半在竖直方向上的投影大于从火柴中点到最近边界的距离，则火柴与边界相交（如 a），反之则不相交（如 b 和 c）。这句话可用图 90 下半部分的图形表示出来：横轴以弧度为单位，表示火柴落下的角度；纵轴是火柴的半长径在竖直方向的投影长度，在三角学中，这个长度叫作给定角度的正弦。显然，当角度为零时，正弦值也为零，这种情况时火柴呈水平状态。当角度为 $\frac{\pi}{2}$ 即直角[①]时，火柴处于竖直位置，与其投影重合，正弦值为 1。对于处于两者之间的情况，其值由大家熟悉的正弦曲线给出。（图 90 只画出了从 0 到 $\frac{\pi}{2}$ 这四分之一段的曲线。）

[①] 半径为 1 的圆，周长为半径的 2π 倍，即 2π。因为四分之一弧长为 $\frac{2\pi}{4}$，就是 $\frac{\pi}{2}$。

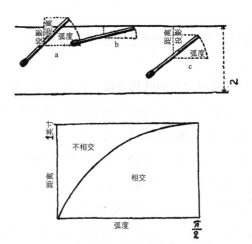

图 90　三种典型的火柴落在条带上的情况

有了这条曲线，我们可以方便地计算出火柴与边界相交或不相交这两种情况的概率。实际上，正如前文我们所看到的（再看图 90 上部的三个例子），火柴中点离边界的距离如果小于半根火柴的竖直投影，即小于此时的正弦值，火柴就会与边界相交。这时，代表这个距离和角度的点在正弦曲线以下。与此相反，火柴完全落在一个条带内时，相应的点在曲线之上。

按照概率计算的规则，相交的机会与不相交的机会的比值等于曲线下方的面积与曲线上方的面积的比值。也就是说，这两个事件的概率，各等于自己那一块的面积除以整个矩形的面积。可以由数学方法（第二章）证明，图中正弦曲线下方的面积为 1，整个矩形的面积等于 $\frac{\pi}{2} \times 1 = \frac{\pi}{2}$。所以我们得出结论：火柴（在长度与条带宽度相等时）与边界相交的概率为 $\dfrac{1}{\dfrac{\pi}{2}} = \dfrac{2}{\pi}$。

π 在这个最意想不到的场合跳了出来，这件有趣的事实是 18 世纪的科学家布丰（George Louis Leclerc Buffon）最先注意到的，因此这个问题也被称作布丰问题。

具体的实验是由一位勤奋的意大利数学家拉兹瑞尼（Lazzerini）进行的，他一共抛掷了 3 408 根火柴，发现有 2 169 根火柴与边界相交。以这个真实数据代入布丰公式，得到 π 的值为 3.141 592 9，与 π 的精确数值相比，一直到第七位小数才不相同。

这个例子对于概率定律的适用性无疑是一个有趣的证明。但比起抛掷几千次硬币，用投掷总数除以正面朝上的总数可得 2 这个结果来，却也有趣不到哪里去。在后一种场合，你一定会得到 2.000 000…，误差也会和拉兹瑞尼所确定的 π 值的误差一样小。

4. "神秘"的熵

从前文完全取自日常生活的计算概率的例子里，我们知道对象的数量很少时，概率计算往往是不怎么合适的，而当数目增多时，就会越来越准。这就使得概率定律在描述有多得数不清的分子或原子组成的物体时，就特别有用了，即使是非常小的物质我们也能用概率定律方便地处理它。因此，对于六七个醉汉，每个人各走二三十步的情况，统计规律只能给出大概结果，而对于每秒钟都经历几亿次碰撞的几十亿个染料分子来说，统计定律导出了极为严格的扩散定律。我们可以这样说，试管中那些原来溶解在一半水中的染料，将在扩散过程中均匀地分布在整个液体中，因为这种均匀分布比原来的分布具有更大的可能性。

同样的道理，在你坐着看这本书的房间里，四堵墙内、天花板下、地板之上的整个空间均匀地充满着空气，从来没有发生过这些空气突然自行聚集在某个角落，使你在椅子上窒息的情况。不过，这种令人恐怖的事情并不是绝对不可能的，它只是极不可能发生而已。

为了弄清这一点，我们假设有一个房间，被一个想象的平面平均分成两个部分，这时，我们考虑一下这两个部分的空气分子最有可能表现出怎样的分布呢？当然，这个问题和前文讨论过的投掷硬币的问题一样。任选一个单独的分子，它位于房间里左半部分或者右半部分的概率相等，正如投掷一枚硬币时，正面朝上和反面朝上的概率相等。

第二个、第三个，以及其他所有分子在不考虑彼此作用力的情况下[1]，在房间左半部分和右半部分的机会是相等的。分子在房间两半部分的分布，正如一大堆硬币的正反分布一样，一半对一半的分布是最有可能的，在图 84 中我们已经看到了这一点。我们还看到，投掷的次数越多（或分子的数目越大），50% 可能性就越来越确定；当数目更大时，这种可能性就会变为现实。在一间标

---

① 由于气体分子间的距离很大，空间并不拥挤，所以在一定体积内虽已有一大堆分子，却并不影响其他分子的进入。

准大小的房子里，约有 10^{27} 个分子①，它们同时聚在右半间（或左半间）的概率为：$\left(\dfrac{1}{2}\right)^{10^{27}}$，即 1 比 $10^{3\times10^{26}}$。

另一方面，空气分子以 0.5 千米/秒左右的速度运动，因此，从房间的一端跑到另一端只需要 0.01 秒，在 1 秒内，房间内的分子就会进行 100 次重新分布。于是，要等到所有分子都处于右边（或左边）房间需要 $10^{299\,999\,999\,999\,999\,999\,999\,999\,998}$ 秒，而宇宙的年龄只有 10^{17} 秒！所以，你可以继续安静地读书而不必担心会发生突然窒息的灾难。

再举个例子，我们考虑在桌子上放一杯水。我们知道由于水分子无规则的运动，它们以很高的速度向各个方向运动，但是由于分子间的作用力使它们不致溢出。

既然每个分子单独运动的方向完全受概率定律的支配，我们就应该考虑到这样一种可能性：在某个时刻，杯子上半部分的所有分子都具有向上的速度，这时下半部分的水分子都具有向下的速度②。此时，在两组水分子的分界面处，内聚力是沿水平方向的，因此不能阻挡这种分离的愿望，这时，我们将看到一个非同寻常的物理现象：上半杯水以子弹的速度自动飞向天花板。

还有一种可能是水分子的全部热能偶然地集中在这杯水的上层，因而上面的水猛烈地沸腾，下面却结成了冰。你为什么从没

---

① 一间 10 英尺宽、15 英尺长、9 英尺高的房间，体积为 1 350 立方英尺，或 5×10^7 厘米³，可容纳 5×10^4 克空气。空气分子的平均质量为 $30\times1.66\times10^{-24}=5\times10^{-23}$ 克，所以总分子数为 $5\times10^4/5\times10^{-23}=10^{27}$。

② 必须考虑到，由于动量守恒定律排除了所有分子向同一方向运动的可能性，因此水分子一定是以一半对一半的速度分布。

有见过这种事情发生？不是因为它绝不可能发生，而是极不可能发生。实际上，如果你尝试计算无规则运动的分子偶然获得的相反的两组速度的概率，就会得到一个与全部空气分子聚集在房间某个角落的概率相近的比较小的数值。同样，由于分子碰撞，一部分分子失去大部分动能，同时另外一部分分子得到这部分能量的概率也是小到可以忽略的。因此。我们实际看到的情况的速度分布，正是具有最大概率的分布。

如果某个物理过程开始的时候，其分子的位置和速度未处于最可能的状态，例如从房间的某个角落释放出一些空气，或者在冷水上面加一些热水，这时会发生一系列的物理过程使系统从较不可能的状态转化为最可能的状态。气体会均匀地扩散到整个房间，上层热水的能量会向下层的冷水传递，直到全部的水达到相同的温度。因此，我们可以这样说：一切依赖于分子无规则热运动的物理过程都朝着概率增大的方向发展，而过程停止时，即达到平衡状态时，也就达到了最大概率。在房间内空气分布的那个例子中，我们已经看到，分子各种分布的概率往往是一些很不方便的小数字（如空气聚集在半间屋子里的概率为$10^{-3\times10^{26}}$），通常我们都取各种概率的对数。这个数值被称为熵，它在有关物质无规则热运动的问题中扮演重要的角色。现在，可将前面那些有关物理过程中概率变化的叙述修改如下：一个物理系统中的任何自发变化，都朝着熵增加的方向发展，而最终达到平衡状态时，则对应熵的最大可能值。

这就是著名的熵增定律，也被称为热力学第二定律（第一定律为能量守恒定律）。正如你所看到的，这里面并没有令人害怕的东西。

熵增定律也可被称为无序加剧定律，在上述的所有例子中，当熵达到最大值时，分子的位置和速度都是完全无规则地分布着，任何使它们的运动有序化的做法都会引起熵的减小。熵增定律的另一个比较实用的数学公式可以从热能转化为机械能的问题中推导出来。大家知道，热能就是分子的无规则运动，因此不难理解，把物体的热能全部转化为宏观的机械运动就是强迫物体的分子都向一个方向运动。我们已经看到，一杯水中有一半自行冲向天花板的可能性太微乎其微了，实际上不可能会发生。因此，虽然机械能可以全部转化为热能（例如通过摩擦），但热能却永远不能全部转化为机械能。这就排除了所谓的"第二类永动机"——它在室温下吸收物体的热量、降低物体的温度来获得能量来做功——存在的可能[①]。例如，不可能设计出这样一艘船，它产生的蒸汽不用烧煤，只靠吸收被吸进舱室的海水的热量，并把变为冰块的海水扔回海里来完成。

那么，真正的蒸汽机是怎样在不违反熵增定律的前提下把热能变为机械能的呢？它之所以能做到这两点，是由于在燃料燃烧所释放的热能中，只有小部分转化为机械能，其他大部分热量有的由废气带出，有的被专门的冷却设备吸收。这时，整个系统有两种不同的熵变过程：（1）随着一部分热能转变为活塞的机械能，这时熵会减小；（2）随着其余热量从锅炉进入冷却设备，这时熵会增大。熵增定律说明，系统的总熵要增大，因此只要第二个因素比第一个大一些就行。我们可以这样来更好地说明这种情

[①] 还有所谓的"第一类永动机"，即不用提供能量而能自行做功的机械装置，这是违背能量守恒定律的。

况：在六英尺高的架子上，放着一个5磅①的重物。根据能量守恒定律，这个重物不可能在没有外力的情况下飞向天花板，然而，它却能向地板上甩下它自身的一部分，并用这时释放的能量使其余部分上升。

用同样的方法，我们可以使一个系统中的某一部分的熵减小，只要使其他部分的熵增大来补偿它就行了。换句话说，对于一些进行无序运动的分子，如果我们不在乎其中一部分变得无序的话，是可以使另外一部分变得有序一些的。的确，在许多实际的情形中，如对所有的热机械来说，我们正是这样做的。

5. 统计涨落

通过前文的讨论，我们明确地知道，熵增定律及其一切推论是完全建立在以数量极大的分子为对象的基础上的，只有这样，所有基于概率的推测，才能变为几乎绝对肯定的事实。如果物质的数量极少，这类推测就不那么可信了。

举例来说，如果把前面例子中那个充满空气的大房间，换成边长各为百分之一微米②的立方体空间，情况就完全不同了。实际上，由于这个立方体的体积是 10^{-18} 立方厘米，只包含 $\dfrac{10^{-18} \times 10^{-3}}{3 \times 10^{-23}} = 30$ 个分子，它们全部集中在一半空间内的概率为

---

① 1磅 =0.453 59 千克。
② 1微米等于 0.000 1 厘米，"微"常用希腊字母 μ 表示。

$$\left(\frac{1}{2}\right)^{30} = 10^{-10}.$$

同时，由于这个分子的体积很小，分子改变混合状态的次数达到每秒钟 5×10^{10} 次（速度为 0.5 千米/秒，距离只有 10^{-6} 厘米）以致每秒钟都有一次空出一半空间的机会。在这个房间里，分子在某一端比在另一端更集中些的情况就更可能经常发生了。例如，20 个分子在一端，10 个分子在另外一端（即有一端多出 10 个分子）的情况，就会以

$$\left(\frac{1}{2}\right)^{10} \times 5 \times 10^{10} = 10^{-3} \times 5 \times 10^{10} = 5 \times 10^{7}$$

即以每秒钟五千万次的频率发生[①]。

因此，在小范围内，空气分子的分布永远是不均匀的。如果能够把分子放得足够大，我们将会看到，分子不断地在某个地方较为集中，然后又散开，接着又在其他地方发生某种程度的集中。这种效应被称为密度涨落，它在许多物理现象中起着重要作用。例如，当太阳穿过地球大气时，大气的这种不均匀性就造成了太阳光谱中蓝色光的散射，因而使天空有了我们所熟悉的颜色，同时使太阳的颜色比实际更红一些。这种变红的效应在日落时尤为显著，因为这时太阳穿过的大气层最厚。如果不存在密度变化，天空就永远是黑色的，我们在白天里也能见到星辰。

与此相似，尽管不那么明显，液体中也同样发生密度涨落和压力涨落。因此布朗运动又有了新的解释，即悬浮在水中的微

---

① 严格地说，这是起码有 10 个分子聚在半边的概率，而不是刚好有 10 个分子在一端，另外 10 个在另一端的概率。

粒之所以被推来推去，是由于微粒在各个方面所受到的压力在迅速变化的缘故。当液体越来越接近沸点时，密度涨落也越来越明显，以致液体呈乳白色。

我们不禁要问，对于这种涨落占主导地位的小物体，熵增定律还起不起作用？一个细菌，一生都被分子冲来撞去，它当然会对我们关于热能不能变成机械运动的观点嗤之以鼻！不过，我们应该看到，这时熵增定律已经失去了它本来的意义，而不应该认为这个定律不正确。事实上，这个定律的叙述为：分子运动不能完全转变为包含极大量分子的物体的运动。而一个细菌，它比周围分子也大不了多少，对它来说，热运动和机械运动的区别已不存在，它被周围的分子冲来撞去，就像一个人在激动的人群中被大家撞得东倒西歪一样。如果我们是细菌，那么只要我们自己接到一个飞轮上，就会造出一台第二类永动机。但我们已经没有大脑来想办法利用它了，因此，我们无须因我们不是细菌而感到遗憾。

当把熵增定律应用到生物体上时，仿佛产生了矛盾。实际上，生长着的植物（从空气中）摄入简单分子二氧化碳，（从土壤里）吸收水分，并把它们合成复杂的有机物分子以组成自身。从简单分子到复杂分子意味着熵的减小。事实上，在其他情况下，如燃烧木头而把木头分子分解成二氧化碳和水分子时，这个过程是熵增大的过程。难道植物真的违反了熵增定律了吗？是不是植物内部真的像过去的一些哲学家认为的那样，有种神秘的活力在帮助它生长呢？

对这个问题的分析表明，并不存在这种矛盾，因为植物在摄入了二氧化碳、水分和某些盐的同时，还吸收了许多阳光。阳光中除了有能量——它被植物储存在体内，将来又在植物燃烧的时候释放出去——之外，还有所谓的"负熵"（低熵），当植物的绿叶将光线吸收进去，负熵就消失了。因此，在植物叶子中进行的光合作用包含以下两个过程：①太阳的光能转变为复杂有机物分子的化学能；②太阳光的低熵降低了植物的熵，使简单分子构筑成复杂分子。用"有序对无序"的术语来说就是：太阳的光线被绿叶吸收时，它的内部秩序也被剥夺走，并传给分子，使它们能够构成更复杂和更有秩序的分子。植物从无机界得到物质供应，从阳光中得到负熵；而动物靠吃植物（或其他动物）来得到负熵，因而可以说是负熵的间接使用者。

第九章　生命之谜

1.我们是由细胞组成的

在讨论物质结构时，我们有意漏掉了相对数量很少，然而却极为重要的一类物体，这类物体因为是活的，而与宇宙中的其他一切物体不同。生物与非生物之间有什么重要的区别呢？曾经成功地解释了非生物各种性质的物理学基本定律，现在用于解释生命现象时有多大的可信度呢？

当讨论到生命现象时，我们往往会想到一些很大很复杂的生物，如一棵树、一匹马、一个人。但是，如果从这样复杂的基体着手研究生物的基本性质，那就无异于在分析无机物的结构时以汽车之类的复杂机器为对象，结果必然是无益的。

这样做我们将遇到的困难是很明显的，一辆汽车是由不同材料、不同物理状态做成的成千上万的各种形状的零件组成的，有的是固体（如钢制底盘、铜制导线和玻璃风挡等），有的是液体（如散热器中的水、油箱中的汽油、气缸中的机油等），还有一些是混合气（如由汽化器送入气缸中的混合气）。因此，在分析这个叫作汽车的复杂物体时，第一步是把它分解成物理性质同类的、一致的单个零件。这样，我们就会发现，汽车是由各种金属

（如钢、铜、铬等）、各种非晶体（如玻璃、塑料等）和各种均匀的液体（如水、汽油等）所组成的。

然后，我们可以进一步凭借各种物理研究手段进行分析，从而发现，铜制部件是由小晶粒组成的，每粒晶粒又是由一层层铜原子有规则地刚性连接叠加成的；散热器内的水是由大量松散聚集在一起的水分子组成的，每一个水分子又由一个氧原子和两个氢原子组成；通过汽化器阀门进入气缸的混合气是由一大波高速运动的氧分子、氮分子和汽油蒸气分子掺杂在一起组成的；而汽油分子又是由碳原子和氢原子组成的。

同样，在分析像人类这样复杂的活体动物时，首先，我们必须把它分解成单独的器官如大脑、心脏、胃等，然后再把它们分解成生物学上的单质，即通常所说的"组织"。

这各种各样的组织，可以说是构成复杂生物体的材料，正如各种物理上的单质组成的机械装置一样。从这种意义上说，根据各种组织的性质来研究生物体作用的解剖学和生物学，是与根据各种物质的力学、磁学、电学等性质来研究这些物质所组成的各种机器的作用的工程学相似的。

因此，单靠弄清各组织如何组成复杂的机体，还不能够解答生命之谜，我们必须搞清楚各机体中的组织在根本上是如何由一个个不可分的单元组成的。

如果你认为，可以将活的单一生物组织比作普通物理单质，那就是一个大错误。事实上，随意选取一种组织（皮肤组织、肌肉组织、脑组织等）在低倍显微镜下观察，就会发现这些组织里包含许多小单元，这些小单元的本性或多或少地决定了整个组织的性质（见图91）。生物的这些基本组成单元一般称为

"细胞"，也可以叫作"生物原子"（也就是"不可再分者"），这是因为各种组织的生物学性质至少要在有一个单个细胞时才能保持下去。

图 91　细胞的不同形状
（a）植物组织细胞；（b）肌肉组织细胞；（c）脑组织细胞

例如，要把一个肌肉组织切成半个细胞那么大，它就会完全失去肌肉所具有的收缩性和其他性质，正如半个镁原子就不再是镁[①]。

构成组织的细胞是很小的（平均大小只有百分之一毫米[②]）。一般的植物和动物都由极多个细胞组成，例如，一个成年人就是由几百万亿个细胞组成的。

小一些的生物体，细胞总数当然要少些，如一只苍蝇、一只蚂蚁，至多不过有几亿个细胞。还有一大类单细胞生物，如阿米

---

① 想必大家还记得原子结构那一章的内容：一个镁原子（原子序数为 12，原子量为 24）的原子核有 12 个质子和 12 个中子，核外环绕着 12 个电子。把镁原子核对半分开，就会得到两个新原子，每个原子有 6 个质子、6 个中子和 6 个电子——这正是两个碳原子。

② 有的细胞很大，例如整个鸡蛋就是一个细胞。不过，即使在这种情况下，细胞中有生命的部分仍然只是显微尺寸的，其余大部分黄色物质只是一些鸡的胚胎发育所储存的养料。

巴、真菌（能引起"金钱癣"的那一种）和各种细菌，他们都是由单独的一个细胞组成的，只有在高倍显微镜下才能看到。对于这些在复杂机体中泰然担当其"社会职能"的单个活细胞所进行的研究，是生物学上最激动人心的篇章之一。

为了对生命问题有一个大概的了解，我们必须对活细胞的结构和性质做出解答来。

活细胞的什么性质使它和一般的无机物或死细胞——如做书桌的木头、制鞋子的皮革中的细胞——不同呢？

具有基本功能的活细胞具有以下几个特殊的基本性质：①能够从周围的物质中吸取自己需要的养分；②能够把这些养分变为供自己生长所需要的物质；③当它的体积变得足够大时，能够分成两个与原来相同但小一半的细胞（每个新细胞仍然能够生长）。与由单个细胞组成的复杂机体一样，不用说也都具有"吃""长""生"这三种能力。

有批判精神的读者可能会说，这三个性质也存在于普通的无机物质中。例如，在过饱和的食盐水①中扔进一小粒食盐，在它的表面就会"长"出一层一层的来自溶液的（更确切地说，是从溶液中被赶出来）的食盐分子。我们还能进一步设想，当这些晶粒达到一定的大小后，会因某种机械效应——如重量的增加——而裂成两半，这样形成的"子晶"还可以继续生长下去。为什么

①过饱和的食盐水可以通过以下方法制得：在热水中溶解过量的食盐，然后冷却到室温，由于溶解度随温度的降低而减小，水中就会含有比水能溶解的数量还要多的食盐分子。然而，这些多余的分子能溶解在水中保持很长的时间，直到扔进一小粒盐为止。可以说，这粒食盐提供了动力，是将食盐分子从溶液中"迁徙"出来的组织者。

不把这个过程看作生命现象呢？

回答这类形似的问题时，首先必须声明，把生命看成是一个较为复杂的普通物理及化学现象，那么生物与非生物之间是不会有明确界限的。这正如在以统计定律描述大量气体分子的运动状态时，我们不能确定统计定律的适用界限一样（见第八章）。事实上，我们知道，充满一个大房间的气体不会突然自行聚集在一个角落里，至少这种可能性是小到几乎不存在的。另外，如果整个房间只有两个、三个或四个分子，那么这种集中的情况就会经常发生了。

但是，我们能确定这两种不同情况在数量上的明确分界线吗？是1 000个分子，100万个分子，还是10亿个分子呢？

同样，在涉及食盐在水溶液中结晶之类的现象和活细胞的生长分裂现象，也不能期望存在一个明确的界限。生命现象虽然比结晶这种简单的分子现象复杂得多，但从根本上讲，却并没有什么不同。

不过，对于刚才那个例子，我们倒可以这样说：晶体在溶液中生长的过程，只不过是把"食物"不加变化地集中在一起，只是原来和水混合在一起的盐分子简单聚集在晶体表面上来，这只是物质的单纯机械增减，而不是生物化学上的吸收；晶粒的偶然裂开也不过是由重力造成的，而且各裂块的大小也不成比例，这与活细胞由于内部作用力的结果而不断准确分成两个细胞实在没有什么相似之处，因此，不能将它看成是生命现象。

再看看这个和生物学过程极其相似的例子。如果在二氧化碳水溶液中加入一个酒精分子（C_2H_5OH）后，这个酒精分子能自行把水分子和二氧化碳分子一个个地合成新的酒精分子①（见图 92）。因此，我们只要向苏打水中滴入一滴威士忌，就会把全部苏打水变成纯威士忌，这样，我们不得不把酒精看成是有生命的物质了。

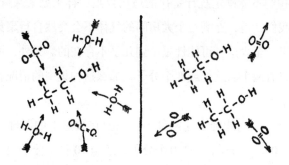

图 92　假如一个酒精分子能够把水分子和二氧化碳分子组合成一个个新的酒精分子，就会是这个样子。如果这种自我合成能够实现的话，那就真该把酒精看成一个有生命的物质了

这个例子并非虚构，因为后文我们可以看到，确实存在一种叫作病毒的复杂化学物质，它的复杂分子（由几十万个原子组成）就能从周围环境中取得分子，把它们构成与自己相同的分子。这些病毒既应被看作普通的化学分子，又应被看作是活的机体，因而正是连接生物与非生物的那个"丢失的环节"。

但是现在，我们必须回到普通细胞的生长和繁殖的问题上来，因为尽管细胞很复杂，但它毕竟还是最简单的活的机体。

通过一架高倍的显微镜，我们可以看到一个具有代表性的细

①这个想象的化学反应方程式为：$3H_2O+2CO_2+C_2H_5OH=2\,[C_2H_5OH]+3O_2$。

胞是一种具有相当复杂的化学结构的半透明胶状物质，这种物质一般被称作原生质。原生质外面被一层细胞壁包着，在动物细胞中这是一层薄而柔软的膜，在各种植物细胞中是一层使植物获得一定强度的厚且硬的壁（见图 91）。每一个细胞内都有一个小小的球状物，称为细胞核，它是由外形像一张细网的叫作染色质的东西构成的（见图 93）。要注意，细胞中原生质的各部分在正常情况下对于光的透射率是相同的，因此不能直接在显微镜下看到活细胞的结构。为了看到细胞结构，我们必须给细胞染色，这是利用了原生质各部分吸收染料的能力不同这一事实。原子核的染色体特别能吸收加入的染料，因此能在浅色背景上突出地显示出来①。希腊语中"染色质"（即"吸收颜色的物质"）的名称就是这样得来的。

当细胞开始进行至关重要的分裂时，细胞核的网状组织会变得与往常大不一样，成了一组丝状或棒状的东西［见图 93（b）、（c）］，它们叫作"染色体"（即"吸收颜色的物体"）。请看后面图版 V（a）和（b）②。

任意选定一个物种，它体内的所有细胞（生殖细胞除外）都含有相同数目的染色体。通常来讲，生物越高级，染色体的数目越多。

---

① 在一张纸上用白蜡写字，自己也是显示不出来的。如果此后用铅笔把白纸涂黑，由于被白蜡覆盖的纸面不会沾上石墨，字迹就清楚地在黑色背景上显示出来。这两者是同一个道理。

② 应该注意，给细胞染色往往会把细胞杀死，从而观察不到细胞的活动。因此，图 92所示的细胞分裂活动并不是观察的一个细胞，而是给处于不同发展阶段的不同细胞染色的结果。从原理上来说，这两者是没有什么区别的。

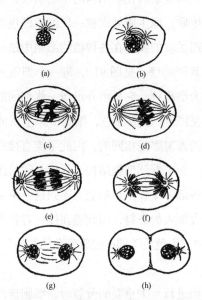

图 93　细胞分裂的各个阶段（有丝分裂）

　　小小的果蝇曾以拉丁语中的腹黑果蝇引以为傲，它们曾帮助生物学家了解生命之谜，它的每个细胞中有 8 条染色体。豌豆有 14 条，玉米有 20 条。生物学家自己和其他所有人，细胞里都有 46 条染色体。看来人类可以自豪一下，因为从数学上证明了人比果蝇高级 6 倍；但是蛤蜊的细胞里含有 200 条染色体，又比人类的染色体多 4 倍以上。因此，还是不能一概而论。

　　重要的是，不同种类的物种细胞中的染色体数目都是偶数，事实上染色体的构成都是几乎完全相同的两套（见图版 V a，例外的情况将在本章中另行讨论）：一套来自父体，一套来自母体。来自双亲的这两套染色体决定了一切生物的复杂的遗传性质，并且代代相传下去。

细胞的分裂是由染色体开始的：每一条染色体先沿长度方向整齐地分成较细的两条，这时，细胞体仍作为一个整体存在[见图93（d）]。当这团纠缠的染色体开始变得整齐，并要进行分裂的时候，有两个靠近细胞核外缘、相互离得很近的中心体逐渐离开，移向细胞的两端[见图93（a）、（b）和（c）]。这时，在分开的中心体细胞核中的染色体间有细线相连，当染色体分开后，每一半都因有细线的收缩被拉向相邻的中心体[见图93（e）、（f）]。当分裂过程将近尾声时[见图93（g）]，细胞膜（壁）沿中心线凹陷进去[见图93（h）]，每一半细胞都长出一层薄膜（壁），这两个只有一半大的细胞相互离开，于是形成了两个独立的新细胞。

如果这两个细胞能从外界获得充足的养分，它们就会长得和上一代细胞一样大（即长大一倍），并且在经过一段时间后，又会按同样的方式进行分裂。

对于细胞分裂，我们只能通过直接观察给出以上几个分离的步骤。至于如何对这些步骤进行科学的解释，则由于相对应各个物理化学作用力的确切本质知道得太少，至今还不能做出。要对细胞整体做物理分析，细胞似乎还是太复杂了些，因此，在攻克细胞问题之前，最好先弄清染色体的本质，这相对简单一点，我们将在下节讲到。

但是，先搞清楚由大量细胞组成的复杂生物的繁殖过程是十分有用的。这里我们可以提出这样一个问题：是先有蛋还是先有鸡？其实，在这类反复循环的过程中，无论先从会生蛋的鸡开始，还是先从能孵出小鸡的蛋开始，情况都是一样的（其他动物也是一样）。

我们就先从刚出壳的小鸡开始吧。一只正在孵化的小鸡，是经历了一系列连续分裂而迅速长成的。大家记得，一只成年的动物是由上万亿个细胞组成的，而它们都是由一个受精卵细胞不断分裂形成的。大家的第一感觉很自然地想到这个过程一定需要好多好多代的分裂才能完成。不过，如果大家还记得我们在第一章所讨论过的问题，即西萨·班·达依尔向打算赏赐他的那位马大哈国王索取构成几何级数的 64 堆麦粒，或是重新安置决定世界末日的 64 片金盘所需的时间，便能看出，只需要为数不多的分裂，就能产生出极多的细胞来。如果用 x 表示一个细胞变成成年人所有细胞所需的分裂次数，根据每一次分裂都使得细胞数目加倍（因为每一个细胞都变为两个），便可以列出下式：

$$2^x = 10^{14},$$

求解后得

$$x = 47。$$

因此，我们身体里的每一个细胞，都是决定我们存在的那个卵细胞的大约第五十代后裔[①]。

动物在小时候，细胞分裂进行得很快，但在成熟的生物体内，大多数细胞在正常情况下处于"休眠状态"，只是偶尔分裂一下，以补偿由于外损内耗所造成的数量减少，从而做到"收支平衡"。

现在，我们来讨论一类非常特殊的细胞分裂，即负责生殖的"配子"或叫作"婚姻细胞"的分裂过程。

---

① 将这个计算式和结果与决定原子弹爆炸的公式（见第七章）比较是很有趣的。使每 1 千克铀的每一个原子（$2.5×10^{24}$ 个）都进行裂变所需次数是以类似的公式 $2^x = 2.5×10^{24}$ 决定的，求解后，得 $x = 61$。

各种雌雄异体的生物体，在它们的早期阶段，都以一批专门的细胞被放到一边"储存"起来，以供将来生殖时使用。这些位于专门生殖器官内的细胞，只在器官本身成长时进行几次一般的分裂，分裂次数大大少于其他器官中细胞的分裂次数。因此，到了该用这些细胞来产生下一代时，它们的生命力仍然还是旺盛的。这时，这些生殖细胞开始进行分裂，不过是以另一种比上述一般分裂大为简单的方式进行的：构成细胞核的染色体不像一般细胞那样劈成两半，而是简单地互相分开［见图94（a）、（b）和（c）］，从而使得每一个子细胞得到原来染色体的一半。

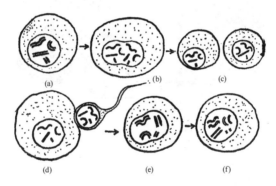

图94 配子的形成［(a)、(b)、(c)］和卵细胞的受精［(d)、(e)、(f)］。在第一阶段（减数分裂），所储备的生殖细胞未经劈裂就分成两个"半细胞"；在第二阶段（受精），精子细胞钻入卵细胞，它们的染色体配合起来，这个受精卵从此开始进行图93所示的正常分裂

细胞的一般分裂被称为"有丝分裂"，而这种产生"部分染色体"细胞的分裂方式被称为"减数分裂"。由这种分裂所产生的子细胞叫作"精子细胞"和"卵细胞"，或者叫作雄配子和雌配子。

细心的读者可能会产生一个疑问：生殖细胞是分裂成两个相

同的部分，那怎么能产生雄、雌这两种配子呢？情况是这样的：在前文我们已经提到过的那两套几乎完全相同的染色体中，有一对特殊的染色体，它们在雌性生物体内是相同的，而在雄性生物体内是不同的。这对特殊的染色体叫作性染色体，用 X 和 Y 这两个符号来区分。雌性生物体内只有两条 X 染色体，而雄性体内有 X、Y 染色体各一条①。把一条 X 染色体换成 Y 染色体，就意味着性别的根本不同（见图 95）。

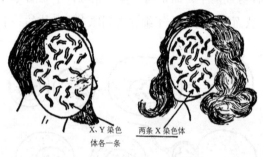

X、Y 染色
体各一条 　两条 X 染色体

图 95　男子和女子的颜值不同。女子的所有细胞都含有 23 对两两相同的染色体；男人却有一对不同，这一对中有一条 X 染色体和一条 Y 染色体；在女子的细胞中，两条都是 X 染色体

　　由于雌性生物的生殖器官中，所有细胞都有一对 X 染色体，当它们进行减数分裂时，每一个配子得到一条 X 染色体。但是每一个雄性生殖细胞中有 X 染色体和 Y 染色体各一条，在它所分裂成的两个配子中，一个含有 X 染色体，一个含有 Y 染色体。

　　在受精过程中，一个雄配子（精子细胞）和一个雌配子（卵

---

① 这种说法对人类和所有哺乳动物都是适用的。鸟类的情况恰恰相反，如公鸡有两条相同的染色体，而每鸡却有不同的两条。

细胞）进行结合，这时，可能产生含有一对 X 染色体的细胞，也可能产生含有 X 染色体和 Y 染色体各一条的细胞，这两者的机会是均等的。前者发育成女孩，后者发育成男孩。这个重要问题，我们还要在下一节中讲到，现在还是继续讲生殖过程。

精子细胞与卵细胞的结合过程被称作"配子受精"，这时得到一个完整的细胞，并开始以图 92 的所示的"有丝分裂"的形式一分为二。这两个细胞在经过短暂的休整后，继续各自一分为二，这四个细胞又进行分裂。这样进行下去，每一个子细胞都得到原来那个受精卵中染色体的一份精确的复制品。所有的染色体一半来自父体，一半来自母体。受精卵逐步发育成成熟个体的过程由图 96 简略地表示出来。

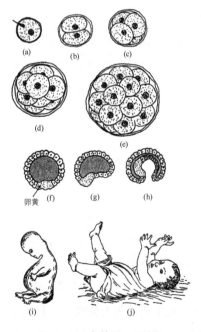

图 96　从卵细胞到人的过程

在图96（a）中，我们看到的是精子进入休眠的卵细胞中。这两个配子的结合促发了这个完整的细胞开始进行新的活动，它先分裂成2个，然后是4个、8个、16个……[见图96（b）、（c）、（d）、（e）]。当细胞的数目变得非常大时，它们就会排列成肥皂泡状，每个细胞都分布在表面上，以利于更方便地从周围的营养介质中得到食物［见图96（f）］。再往后，细胞会向内部空腔凹陷进去［见图96（g）］，进入"原肠胚"阶段。在此期间，它像一个小荷包，荷包的开口兼供进食和排泄使用。简单的动物，如珊瑚虫的发育就到此为止，而更为高级的物种则继续生长和变形，一部分细胞变为骨骼，另一些细胞则变为消化、呼吸和神经系统。在经历各个不同的胚胎阶段之后［见图96（i）］，最终成为可以辨别出所属物种的生物［见图96（j）］。

我们已经提到，在发育的机体中，有一些细胞从早期发展阶段起就可以说是被放到一旁保存起来，以供将来繁殖之用。当机体成熟后，这些细胞又经历了减数分裂，产生配子，再从头开始上述整个过程，生命就是这样延续下来的。

2. 遗传和基因

在生殖过程中，最值得注意的是，来自双亲的配子发育成的新生命，不会长成任何别的物种，它一定会成为自己父母以及父母的父母的复制品，虽然不完全一样，却也相当可靠。

事实上，我们确信，一对爱尔兰赛特猎犬生下的幼犬，它天生就是一只狗，长不成一头大象或者一只兔子，也不会长成大象那么大或长到兔子那么大就不再生长。它会有四条腿、一条长尾巴，头部两侧各有一只耳朵和一只眼睛。同时我们也确信它的耳朵会软软地向下垂着，毛是长长的、金棕色的，它很可能会喜欢打猎。此外，它身上一定还有一些细微的部分保留着它的父母，甚至它的老祖先的特点，当然，它也一定有若干自己的独特之处。

所有这些组成良种赛特猎犬的各种各样的特征，是怎样被放进用显微镜才能看得到的配子中去的呢？

我们已经知道，每一个新生命都从自己的父母那里各自得到正好半数的染色体。很明显，作为整个物种的主要特征，一定是在父母双方的染色体中都具备的，而单独个体的不同之处，一定是从单方面得来的。而且，尽管我们可以相当肯定地认为，在长期的发展过程中，在许许多多世代以后，各种动植物的大多数基本性质都可能发生变化（物种的进化就是个明证），但在有限的时间内，人们只能观察到很微小的次要特征的变化。

研究这些特性及其时代延续，是新兴的基因学的主要课题，这门学科虽然尚处于萌芽时期，但已经能给我们讲许多关于生命最深层的隐秘且激动人心的故事。例如，我们已经知道，遗传是以数学定律那样简洁的方式进行的，这就与绝大部分生物学现象截然不同，因而也就说明，我们所研究的正是生命的基本现象。

以大家熟知的色盲这种视力的缺陷为例，最常见的色盲是不能区分红色和绿色的。为了搞清楚色盲，首先要通过研究视网膜的复杂结构和性质以及不同光波所能引起的光化学反应等，使我们明白为什么能够看到颜色。

如果我们自问有关色盲遗传的问题，乍看起来似乎比解释色盲现象本身还要复杂，但答案却出其不意地简单明了。由直接统计可以得出：（1）男性比女性更容易得色盲；（2）色盲男性和正常女性的孩子从不得色盲；（3）正常男性和色盲女性的儿子是色盲，但女儿则不是。由这几点可以清楚地看出，色盲的遗传必定与性别有一定的关系，只能假定产生色盲的原因是由于一条染色体出了问题，并且这条染色体代代相传，我们就可以用逻辑判断得出进一步的假设：色盲是由 X 染色体中的缺陷造成的。

从这一假设出发，从经验得来的色盲规律就像水晶一样清楚明白了。大家还记得，雌性细胞中有两条 X 染色体，而雄性细胞中只有一条（另一条为 Y 染色体）。如果男性中这唯一的 X 染色体有色盲缺陷，他就是色盲。如果是女性，只有当两条染色体都有这种缺陷时才会是色盲，因为一条正常的染色体足以使她获得识别颜色的能力。如果 X 染色体中带有色盲缺陷的概率为千分之一，那么在一千个男性中就会有一个色盲患者。同样推算的结果，女性中两条染色体都有缺陷的概率应按概率的乘法法则计算（见第八章），即

$$\frac{1}{1\ 000} \times \frac{1}{1\ 000} = \frac{1}{1\ 000\ 000}。$$

所以，在 100 万个女性中，才可能出现一个色盲患者。

我们来考虑色盲丈夫和正常妻子［见图 97（a）］的情况。他们的儿子只从母亲那里遗传了一条"没有色盲基因"的 X 染色体，而没有从父亲那里得到 X 染色体，因此他不会成为色盲。

另一方面，他们的女儿会从母亲那里得来一条"好的"染色体，而从父亲那里得到的则是"坏"的染色体。这样，她不会是色盲，但将来她的孩子（儿子）可能是色盲。

在"正常丈夫"和色盲妻子［见图 97（b）］这种相反的情

况下，他们的儿子的唯一的 X 染色体来自母亲，因而一定是色盲；而他们的女儿则从父亲那里得来一条"完好的"染色体，从母亲那里得来一条"坏的"染色体，因而不会是色盲。但也和前文的情况一样，她的儿子可能是色盲。这不能再简单了！

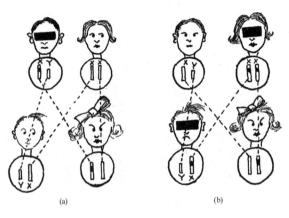

图 97　色盲的遗传

像色盲这种需要一对染色体全部有了改变才能出现某种后果的遗传性质，叫作"隐性遗传"。它们能以隐蔽的形式，从祖父、外祖父一代传给孙子、外孙一代。在偶然情况下，两条漂亮的德国牧羊犬会生出一条与德国牧羊犬完全不同的小崽来，这个悲惨事件就是由上述原因造成的。

与"隐形遗传"相对的"显性遗传"也是有的，这就是在一对染色体中只要有一条起了变化就会表现出来的方式。我们在这里离开了基因学的实例，用一种想象的怪兔来说明这种遗传。这种怪兔生来就长着一对"米老鼠"那样的耳朵，如果假设这种"米式耳朵"是一种显性遗传特性，即只要一条染色体的变化就

· 241 ·

能使兔子耳朵长成这种另类的脸型（对兔子来说），我们就能预言后代兔子的样子会如图 98 所示（假定那只怪兔子及其后代都与正常兔子交配）。造成"米式耳朵"的那条不正常的染色体在图中用一小块黑斑标出。

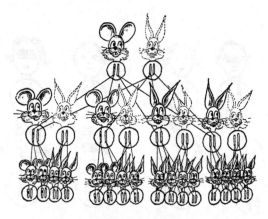

图 98　后代兔子

除了显性和隐性这两种非此即彼的遗传特性外，还有一种可被称作"中间型"的遗传特性。如果我们在花园中种上一些红白相间的草茉莉，那么，当红花的花粉（植物的精子细胞）被风或者昆虫送到另一朵红花的花蕊上时，它们就与雌蕊基部的胚珠（植物的卵细胞）结合，并发育成种子，这些种子将来还开红花。同样，白花与白花的种子，也会开出白花来。但是，如果白花的花粉落到红花的雌蕊上，或者红花的花粉落在白花的雌蕊上，这样得到的种子将会开出粉红色的花来。然而，不难看出，粉红色的花朵并不代表一种稳定的生物品种。如果它们之间授粉，将会有 50% 的下一代开粉红色的花朵，25% 开红色花朵，25% 开白色花朵。

对于这种情况，只需假设花朵的红色或白色的性质是附在这种植物细胞的一条染色体中的，就很容易得到解释。如果两条染色体相同，花的颜色就会是纯红或纯白；如果是一条红色的，另一条是白色的，这两条染色体争执的结果是开出粉色的花。请看图99，这张图绘出了"颜色染色体"在下代茉莉花中的分布，我们可以从中看出前文提到的种植关系。照图98的式样，我们可以毫不费力地画出，在白色和粉色茉莉的下一代中，含有50%的粉花和白花，但不会是红；同样，从红花和粉花可育出一半的红花和一半的粉花，但不会出现白花。这就是遗传定律，是19世纪的一位塞拉维亚僧侣、谦和的孟德尔（Gregor Mendel）在布鲁恩的寺院里栽种豌豆时发现的。

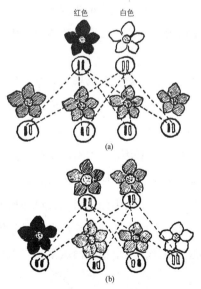

图99 "颜色染色体"在下代茉莉花中的分布所示

到目前为止，我们已经把新生生物继承来的各种性质与他们双亲的不同染色体联系起来了。不过，生物的各种性质多得几乎数不清，而染色体的数目相对来说又不是很多（果蝇8条、人类46条），我们必须假设每一条染色体都携有一长串特性才行。因此，可以想象这些特性是沿着染色体的丝状形体分布的。事实上，那些只要看一看图版V（a）所摄的果蝇唾液腺体的染色体[1]，就很难不把那些沿横向一层层分布的许多黝黑条纹看成载有各种性质的处所；其中一些横道控制着果蝇的颜色，另一些决定了它翅膀的形状，还有一些分别注定它有六条腿、身长四分之一英寸左右，并且看得出它是一只果蝇，而绝不是一只蜈蚣或者小鸡。

事实上，基因学告诉我们，这种印象是十分正确的。我们不但可以证明染色体上的这些小小的组成单元——即所谓的"基因"——本身携带有遗传性质，还常常能指出其中的哪些基因决定了什么具体特性。

不过，即使使用最大倍数的显微镜来观察，所有的基因都有几乎同样的外表，它们的不同结构一定是深深隐藏在分子结构内部的某个地方。

因此，想要了解每个基因的"生活目的"，就得细心研究动植物在一代一代繁衍中各个遗传性质的传递方式。

我们已经知道，每一个新生命从自己父母那里各得一半数量的染色体。既然父母的染色体又都是它们自己父母染色体的一半组成的，我们可能会想到，这个新生命从祖父或祖母、外祖父或

---

[1] 大多数生物的染色体都极小，而果蝇的染色体相对来说大得多，因而进行显微镜摄影比较容易。

外祖母方面，只能分别得到一个人的遗传信息。但事实不一定如此，有时祖父、祖母、外祖父、外祖母都把自己的某些特性传给自己的孙辈。

这是否说明上述染色体的遗传规律是不正确的呢？不，这个规律没有错，只是过于简单了。我们必须考虑到这样一种情况：当被储备起来的生殖细胞准备进行减数分裂而变成两个配子时，成对的染色体往往会发生纠缠，交换其组成部分。图 100（a）和（b）简单表示了这类导致来自父母的基因混杂化的交换过程，这就是混合遗传的原因。还有这样一种情况：一条染色体本身可能完成一个圈子，然后再从别的地方断开，从而改变了基因的顺序［见图 100（c），图版 V（b）］。

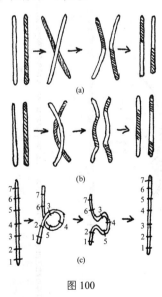

图 100

显然，两条染色体的部分交换及一条染色体的变更顺序非常可能使原来相距很远的基因接近，使相距很近的基因分开。这就如同给一副扑克牌错牌，这时虽然只分开一对相邻的牌，却会改变整副牌上下部分的相对位置（还会把首尾两张牌凑到一起）。

因此，如果某两项遗传性质在染色体发生改变的情况下，仍然总是一起发生或消失，我们就可以判定，它们所对应的染色体一定是近邻；相反，经常分开出现的性质，它们所对应的基因一定处在染色体中相距很远的位置。

美国基因学家摩尔根（Thomas Hunt Morgan）和他的学派沿着这个方向进行研究，并为他们的研究对象果蝇确定了染色体中各基因的固定次序。图 101 所示就是通过这种研究工作为果蝇的四条染色体列出的基因位置表。

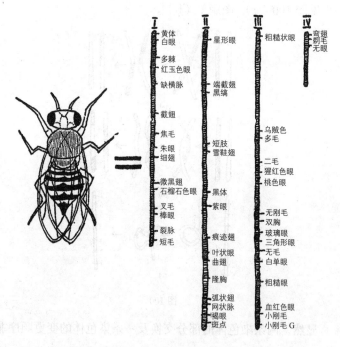

图 101　基因位置表

像图 101 这样的图表，当然也能以更复杂的动物和人作为对象编制出来，只不过这种研究需要更加仔细、更加小心谨慎。

3. "活的分子"——基因

对生物体极为复杂的结构进行逐步分析后，我们现在似乎已经接触到生命的基本单元了。事实上，我们已经看出，生物体的整个发展过程和生物发育成熟后的几乎所有性质，都是由深藏在细胞内部的一套基因控制的；也可以这样说，每一个动物或植物，都是围绕其基因生长的。如果打一个简单的比方，生物体与基因之间的关系类似于外观很大的无机物与原子核的关系。任何一种物质的一切物理性质和化学性质，都可归结到以一个数字表示其电荷数的原子核的基本性质上去。例如，有六个基本电量单位的原子核，周围会聚集六个电子，具有这种结构的原子倾向于排成正六面体，成为极高硬度和高折射率的物质，即所谓的金刚石。再如一些分别带有 29 个、16 个和 8 个电荷的原子核，会变成一些紧紧连在一起的原子，它们组成那种称为硫酸铜的浅蓝色物质。当然，生物体即使是最简单的种类，也远比任何晶体复杂得多，但是，它的各个宏观部分，都是由微观上进行组织的活性中心完全决定的。就这个典型的特点来说，两者是相同的。

这些决定生物体一切性质（从玫瑰的香味到大象鼻子的形状）的组织中心有多大呢？这个问题很容易回答：用染色体的体积，除以它所包含的基因数目。根据显微镜观察，一条染色体的平均粗细有千分之一毫米，也就是说，它的体积为 10^{-14} 立方厘米。实验表明，一条染色体所决定的遗传性质竟有几千种之多，这可通过计算果蝇那条大染色体上横列的暗道（单个基因）的个数而直接得出①（图版 V）。用染色体的总体积除以基因的个数，得出一个基因的体积不会大于 10^{-17} 立方厘米。原子的平均体积约为 10^{-23} 立方厘米 $[\approx(2\times10^{-8})^3]$，因此，结论是：每单个基因一定是由约 100 万个原子组成的②。

我们还可计算出基因的质量。以人为例，大家知道，成年人有 10^{14} 个细胞，每个细胞有 46 条染色体，因此，人体内染色体的总体积约为 $10^{14}\times46\times10^{-14}\approx50$ 立方厘米，也就是不到两盎司③的质量（人体密度与水相近）。就是这点微不足道的"组织物质"，能够在它的周围建立起比自己重几千倍的动植物体来。正是它们"从内部"决定着生物生长的每一步和结构的每一处，甚至决定着生物的绝大部分行为。

不过，基因本身又是什么呢？它是不是应被看作能够仔细分下去，成为更小的生物学单元的复杂"动物"呢？答案是一个斩钉截铁的"不"字。基因是生命物质的最小单元。进一步说，我们除了肯定基因具有生命的一切特性，因而和非生物不同外，我们现在也不怀疑它们同时与遵从一般化学定律的分子（如蛋白质）有关。

换句话说，有机物质和无机物质之间那个过渡环节（即本章开头时所考虑的"活分子"），看来就存在于基因之中。

---

① 一般的染色体都太小，显微镜下不能分辨出单个基因来。
② 后来发现基因与基因之间有大量的"垃圾片段"，因此实际组成单个基因的原子数应不超过 100 万。
③ 盎司，英制质量单位。1 盎司 ≈28.35 克。

基因一方面具有明显的稳定性，可以把物种的性质传递几千代而不发生任何变化；另一方面，构成一个基因的原子数目相对来说并不很大。因此，确实可以把它看作设计得很好的、每一个原子或原子团都按预定位置排列的一种结构，不同基因有不同的性质，这反映到外部来，就产生了各种不同的器官。这种情况可以认为是由基因结构中原子分布的变化所引起的。

　　我们来看一个简单的例子。TNT（三硝基甲苯）是在两次世界大战中起了重要作用的爆炸物，它的分子是由 7 个碳原子、5 个氢原子和 6 个氧原子按下列方式之一排列而成的：

　　这三种方式的不同之处在于 N 原子团与碳环的连接方式不同，由此得到三种物质一般叫作 α TNT、β TNT、γ TNT，这三种物质都能在实验室中合成，而且都有爆炸性，但在溶解度、密度、熔点和爆炸威力等方面，三者稍有差别。使用标准的化学方法，人们可以毫不费力地把 N 原子团从一个连接键转移到另一个连接键上去，从而把一种 TNT 转换成另外一种。这类例子在化学中是很普遍的，分子越大，可以得到的变型（同分异构体）就越多。

如果我们把基因看成由 100 万个原子组成的巨大分子，那么，在这个分子的各个位置上安排各个原子团的可能情况，可就多得不得了啊！

我们可以把基因设想成有周期性重复的原子团组成的长链，上面附着各种其他原子，像手镯上挂有坠饰一样。近年来，生物化学已进展到能确切地画出遗传"手镯"的式样了。它是由碳、氮、磷、氧和氢等原子组成的，叫作核糖核酸。在图 102 中，我们把决定新生婴儿眼睛颜色的遗传"手镯"，以超现实的画法画出了一部分（省去了氮原子和氢原子）。图中的四个坠饰表明婴儿的眼睛是灰色的。把这些坠饰换来换去，可以得到几乎无限多的不同分布。

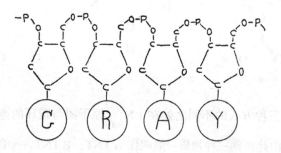

图 102　决定眼睛颜色的遗传"手镯"（核酸分子）的一部分（已被大大简化了）

例如，如果一个遗传"手镯"有 10 个不同坠饰，他们就会有 $1 \times 2 \times 3 \times 4 \times 5 \times 6 \times 7 \times 8 \times 9 \times 10 = 3\ 628\ 800$ 种不同的分布。

如果有一些坠饰是相同的，不同排列的总数会少一些。上述那 10 个坠饰如果两两相同共 5 种，就会产生 113 440 种不同的排列。然而，当坠饰的总数增多时，排列的可能数目就会迅速增加。因此，如果坠饰为 5 种，每种 5 个（即共 25 种）时，可产生 62 330 000 000 000 种分布。

因此，可以看出，既然在庞大的有机分子中，各种不同的"坠饰"在各个"悬钩"上可以产生如此众多的分布，这不但可以满足一切实际生物变化的需要，也可以满足人类想象的神奇的不存在的生物。

对于这些沿丝状基因分子排列的、起决定生物性质作用的坠饰来说，有一点很重要，这就是他们的分布有可能自发地改变，从而使整个生物体在宏观上发生相应改变。造成这种改变的最常见的原因是热运动。热运动使整个分子的形体像风中的树枝一样弯曲扭转。在温度足够高时，分子的这种摆阵会强烈到足以把自己撕裂开来——这就是热分解过程（见第八章）。但是，即使在温度较低、分子能够保证完整时，热运动也可能造成分子内部结构的某些变化。例如，设想连接在分子某处的坠饰在分子扭动时会与另外一个"悬钩"接近，这时，它有可能相当容易地脱离自己原来的位置，而连接到新的钩子上去。

大家都知道，这种被称为同分异构①的现象会在普通化学中相对简单的分子中发生。这种转变也与其他化学反应一样，遵从这样一条基本的化学动力学定律：每当温度升高 10℃，反应速率大约加快一倍。

---

① "同分异构"一词是指构成分子的原子相同，但相对位置不同的现象。

对于基因分子的这种情况，由于它们的结构太复杂，很可能在今后相当长的时间内，有机化学家们未必能把它搞清楚。因此，目前还没有一种化学分析方法能够直接验证基因分子的同分异构现象。这就是：如果在雄配子或雌配子的基因中有一个发生了同分异构变化，它们结合成的细胞将会把这种变化在基因分离和细胞分裂的一系列变化过程中全部保留下来，并使产生的后代在宏观特征上表现出明显的改变。

实际上，基因研究的一个最重要的成果是发现了生物体中自发的遗传物质的改变均是以不连续的跳跃的方式发生的，这叫作突变（它是由荷兰的生物学家德弗里斯（Hugo de Vries）在1902年发现的）。

举例说明，以前文提到的果蝇为例。野生的各种果蝇均是灰身长翅，你任何时候在花园里抓来一只果蝇，会发现几乎都是这个样子。然而，在实验室条件下，一代一代地培育果蝇，突然会有一次得到一只"畸形"的果蝇，它有不正常的短翅，身体几乎是黑色的（见图103）。

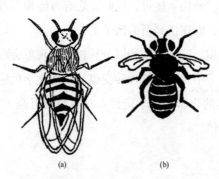

(a)　　　　　　　(b)

图103　正常种和变异种

（a）正常种：灰色身体，长翅；（b）变异种：黑色身体，短翅（退化翅）

重要的是，在果蝇"正常先辈"和黑身短翅这种走极端的例外情况之间，不会找到呈现各种灰色、翅膀长短不一的果蝇，也就是说，不会找到介于祖先和新种之间、外观逐渐改变的类型。所有的新一代（有上百只）几乎都是同样的灰色，同样的长翅，只有一只（或几只）截然不同。要么不变，要么突变，这是个规律。同样的情况已发现上百例。例如，色盲就不是完全来自遗传，一定有这样的情况，祖先是"无辜"的，但孩子却是色盲。孩子出现色盲同果蝇出现短翅一样，都遵照"全无或全有"的原则进行；这里考虑的并不是一个人辨色本领的强弱，而是他是否能把颜色分辨出来。

听说过达尔文[①]（Charles Darwin）的人都知道，生物新的一代在性质上的这种改变，再加上生存竞争、适者生存，就使物种的进化不断地进行下去[②]。正因为这个原因，几十亿年前大自然的骄子——简单的软体动物——才能发展成像每位读者这样具有高度的智慧、连本书这样晦涩难懂的东西都可以读懂的生物啊！

生物突变率与周围环境有关的事实有力支持了"突变"是由于基因分子的同分异构造成的这一观点。提莫菲耶夫和齐默就温度对突变率的影响所做的实验工作表明，（在不考虑周围介质和其他因素所引起的复杂变化时）一般分子反应所遵从的基本物理化学定律，在这里也同样适用。这项重大的发现促使德布瑞克

---

① 达尔文（1809—1882年），著名英国博物学家，进化论的创立者。他所著的《物种起源》一书是进化论的经典著作。
② 突变现象的发生，对达尔文的经典理论只做了一点修改，即物种进化是由不连续的跳跃式变化造成的，而不是由于连续的小变化所致。

（他原来是理论物理学家，后来成为实验基因学家）得出了一个具有划时代意义的观点，即认为生物突变现象和分子同分异构变化这个纯物理化学过程等效。

关于基因理论的物理基础，我们可以无休止地谈论下去，特别是 X 射线和其他射线造成的突变所提供的重要证据，但仅就可以谈到的情况看，读者们已经能够相信，科学正在跨越对"神经"的生命现象进行纯物理解释的门槛。

在结束这一章之前，我们必须得考虑一种叫作病毒的生物学单元，它很有可能不是位于细胞内的自由基因。就在不久前，生物学家们还认为生命树的最简单形式是各种细菌——在动植物组织内生长繁殖，有时会引起疾病的单细胞生物。例如，人们已用显微镜查明，伤寒病是由一种 3 微米长、0.5 微米粗的杆状细菌引起的；猩红热是由直径 2 微米左右的球状细菌引起的。但是，有一些疾病，如人类流行的感冒和烟草的花叶病，用普通显微镜却怎么也看不到细菌。但是，由于这些特别的"无菌"疾病从得病机体转移到健康机体上去的方式和所有一般传染病相同，又由于这样受到"感染"会迅速地传遍受害个体的全身，人们自然会假设，这些疾病是由一些假想的生物体携带着的，于是，便给它们起名为病毒。

直到后来，由于使用了紫外线显微技术（用紫外光），特别是由于发明了电子显微镜（用电子束代替可见光可获得更大的放大率），微生物学家们才第一次见到了一直没露过面的病毒的结构。

人们发现，病毒是大量小微粒的集合体，同一种病毒的大小完全一样，而且远比细菌小（见图 104）。流感病毒是一些直径为 0.1 微米的小球，烟草花叶病毒则是一些长 0.280 微米、粗 0.015 微米的细棒。

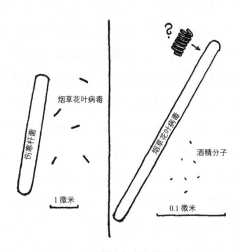

图 104　细菌、病毒和分子的对比

图版 VI 是用显微镜给已知的最小生命单元烟草花叶病毒拍摄的照片，它给人以深刻的印象。大家还记得，单个原子的直径是 0.000 3 微米，因此，我们推断烟草花叶病毒的横向大约只有 50 个原子，而纵向则有约 1 000 个原子，一共不超过 200 万个原子[①]！

这个数字好熟悉啊！它不正是单个基因中的原子数目吗！因

[①] 病毒微粒中的原子总数可能还要少一些，因为它们很可能像图 103 所画的那样，具有螺旋状的分子结构，内部是空的。如果真的如此，烟草花叶病毒中的原子就只会待在圆柱形的表面上，每一个病毒里的原子数就会减少到几十万个，基因里的情况也可能是如此。

此，病毒微粒可能是既没有在染色体中占据一席领地，也没有被一大堆细胞质所包围的"自由基因"。

此外，病毒的繁殖过程看来也确实和染色体在细胞分裂过程中的倍增现象完全相同：整个病毒体沿轴线分裂成两个同样大小的新病毒微粒。很明显，在这个基本的繁殖过程中（如图91那个虚构的酒精增加过程），整个复杂分子的各个原子团都可以从周围介质中引来相同的原子团，并把它们按自己原来的式样精确地排列在一起。当这种安排进行完毕，已经成熟的新分子从原来的分子上脱离下来。事实上，在这种原始的生物中，看来并不发生"成长"的过程，新的机体只是在旧机体的周围"拼凑"出来。这种情况如果发生在人类身上，那就是孩子在外边和母体相连，当他（她）长大成人后，就离开母体了。毋庸置疑，要使这个繁殖过程成为可能，它必须在特殊的、具备各种必要成分的介质中进行。事实上，与各自细胞的细菌不同，病毒只能在生物组织的活细胞质中才能繁殖，也就是说，它们是很"挑食"的。

病毒的另一个共同特点，就是它们能发生突变，并且突变后的个体能把新特性传给自己的后代，这也和基因学定律相符。事实上，生物学家们已经能区分出同一病毒的几个遗传植株，并能对它的"种族繁衍"进行监视。当一场流行性感冒在村镇上蔓延时，人们知道，这是由某一突变型流感病毒引起的，因为它们经突变后获得了一些新的恶性特征，而人体却还没有来得及发展自己相应的免疫能力。

在前文中，我们进行了大量激烈的讨论，证明病毒应被看作是生命体。我们同时也要以同样的热情，宣传病毒应被看作是正常的化学分子，它们遵从一切物理的和化学的定律和法则。事实上，对病毒体所进行的化学分析已经证明：病毒可以看作有确定组成的化合物，它们可以被当作各种复杂的有机（但又是无生命的）化合物对待，并且它们可以参与各种类型的置换反应。因此，把各种病毒的化学结构式像酒精、甘油、糖等物质的结构式一样写出来，看来只是个时间问题。更令人惊奇的是：同一种病毒的大小是完全一样的。

事实证明，脱离了营养介质的病毒体会自行排列成普通正规晶体的样子。例如，"番茄停育症"病毒就会结晶成漂亮的大块斜十二面体！你可以把它与长石、岩盐一样放在矿物标本柜里；不过，一旦把它放回番茄地里，它就会变成一大堆活的个体。

由无机物合成活机体的第一大步是加利福尼亚大学病毒研究所的弗兰克尔—康拉特（Heinz Fraenkel-conrat）和威廉斯（Robley Williams）迈出的。他们把烟草花叶病毒分离成两部分，每一部分都是很复杂、但没有生命的有机物。人们很早就知道，这种病毒具有长棒的形状（图版Ⅵ），是由一束长而直的分子（核糖核酸）作为组织物质，外面像电磁铁的导线那样环绕着蛋白质的长分子。弗兰克尔—康拉特和威廉斯使用了许多化学试剂，成功地把这些病毒体分成核糖核酸分子和蛋白质分子，而没有破坏它们。这样，它们在一个试管里得到核糖核酸的水溶液，另一个试管中得到蛋白质的水溶液。用电子显微镜进行检查后，证明试管里只有这两种物质，但没有一丝一毫的生命迹象。

但是，一旦把这两种液体混合在一起，核糖核酸的分子就开始以 24 个为一组，蛋白质分子就开始把核酸分子环绕起来，形成与实验开始时完全一样的病毒微粒。把它们用在烟草植株上，这些分而复合的病毒就会造成花叶病，好像它们压根儿就没有被分开似的。不过，生物化学家们已经掌握了普通化学物质合成核糖核酸和蛋白质的方法。尽管目前（1960年）还只能合成一些较短小的分子，但毫无疑问，将来一定能用简单成分合成病毒里的那两种分子，把它们放在一起，就会出现病毒微粒。

第四部分

宏观世界

第十章　不断扩张的视野

1. 地球与它的邻居

现在，让我们结束在原子、分子、原子核里的旅行，回到比较熟悉的正常的物体上来。不过，我们还要再旅行一次，这次是向相反的方向，即朝着太阳、星星、遥远的星云和宇宙的深处。科学在这个方向的发展，也像在微观世界的发展一样，使我们离熟悉的物体越来越远，视野也越来越开阔。

在人类文明的初期，所谓的宇宙真是小得可怜。人们认为，大地是一个大的扁盘，四周围绕着海洋，大地就在洋面上漂浮。大地的下面是深不可测的海水，上面是天神的住所——天空。这个扁盘的面积足以把当时的地理知识所知道的地方全部容纳进去，它包括了地中海和濒海的部分欧洲和非洲，还有亚洲的一小块；大地的北侧以一座高山为界，夜里太阳就在山后的洋面上休息。图 105 相当准确地表示出古代人关于世界面貌的概念。但是，公元前 3 世纪，有一个人对这种简单且被人们普遍接受的世界观提出了异议，他就是著名的希腊哲人（当时人们这样称呼科学家）亚里士多德（Aristotle）。

图105　古人眼中的世界

　　在亚里士多德的著作《天论》中，表述了这样一个理论：大地实际是一个球体，一部分是大陆，一部分是水域，外面被空气包围着。他引证了许多现象来证明自己的观点，这些现象在今天的人们看来是司空见惯的，似乎还显得有些琐碎。他指出，当一艘船消失在地平线上时，总是船身已看不见时，桅杆还露在水面上，这说明洋面不是平的，而是弯曲的。他还指出，月食一定是地球的阴影掠过这个卫星的表面时引起的，既然这个阴影是圆的，大地本身也应该是圆的，但是，当时并没有几个人相信他的话。人们不能理解，如果他的说法确实不错，那么住在地球另一端（即所谓的对称点，对我们美国来说是澳大利亚）的人怎么会头朝下走路呢？难道他们不会掉下去吗？为什么那里的水不会流向天空呢（见图106）？

　　我们可以看到，当时的人们并没有理解，物体的下落是由于受到了地球引力的作用。对他们来说，"上"和"下"是空间的绝对方向，不论在哪里都是一样的。在他们看来，说把我们这个世界走上一半远，"上"就会变成"下"，"下"就会变成"上"，

图 106　反对大地为球形的论据

这简直就是在说胡话。当时，人们对亚里士多德这种观点的看法，正像今天某些人对爱因斯坦相对论的看法一样。当时，重物下坠的现象，被解释成一切物体都有向下运动的"自然倾向"，而不是像现在这样解释为受到地球的吸引。因此，当你竟然敢冒险跑到这个地球的下面一半时，就会向下掉入蓝天中去！对旧观念进行调整的工作是异常艰难的，新观念遭受了极为强烈的反对，甚至到了 15 世纪，即亚里士多德死后的两千年，还有人用地球对面的人头朝下站着的画面，来嘲笑大地是球形的理论。就连伟大的哥伦布①（Christopher Columbus）在动身去寻找通向印度的"另一条路"时，也未必意识到他自己的计划是健全的，而

———————————————————

① 哥伦布（1451—1506 年），意大利航海家，于 1492 年发现了"新大陆"——美洲。

且他的行程也因美洲大陆的阻挡而未能全部实现。直到麦哲伦 ①
（Ferdinand de Magellan）进行了著名的环球航行后，人们对大地
是球体的怀疑才最后消失。

当人们首次意识到地球是球体后，自然要给自己提出这样
的问题：这个球到底有多大？和当时已知世界相比情况如何？但
是，古希腊的哲人们显然是无法进行环球旅行的，那又怎么来度
量地球的尺寸呢？

哦，有一个办法，这个办法是公元前 3 世纪希腊著名科学家
埃拉托色尼最先发现的。他住在当时希腊的殖民地，埃及的亚历
山大里亚城。当时有个塞恩城，位于亚历山大里亚城以南五千视
距的尼罗河上游。他听那里的居民讲，在夏至这一天正午，太阳
刚好悬于头顶，凡是直立的物体都没有影子。另外，埃拉托色尼
又知道，这种事情从来没有在亚历山大里亚发生过；就是在夏至
那一天，太阳离头顶（即头顶正上方）也有 7° 的偏角，这是整
个圆周的 1/50 左右。埃拉托色尼从大地是圆形的假设出发，给
这个事实做了一个很简单的解释，这很容易从图 107 看出。事实
上，既然两座城市之间的地面是弯曲的，竖直射向塞恩的阳光一
定会和位于北方的亚历山大里亚成一定的夹角。从地球中心画两
条直线，一条引向塞恩，一条引向亚历山大里亚，则从图中可以
看出，两条引线的夹角等于通过亚历山里亚的那条引线（即此处
的天顶方向）和太阳直射塞恩时的光线之间的夹角。

由于这个角是整个圆周的 1/50，整个圆周就应该是两城间

---

① 麦哲伦（1480—1521 年），葡萄牙航海家，于 1519 年首次率船队完成环球航行，麦
哲伦本人于 1521 年死于旅途，但船员继续航行，于次年返回欧洲。

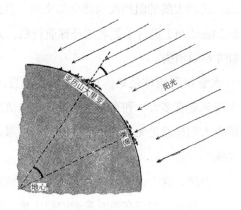

图 107 埃拉托色尼的解释

距离的 50 倍，即 250 000 斯塔迪姆。1 斯塔迪姆约为 1/10 英里，所以，埃拉托色尼所得到的结果相当于 25 000 英里，即 40 000 千米，和现代的数值是非常接近的。

然而，对地球进行第一次测量得到的结果，重要的倒不在于它是如何精确，而是它使人们发现地球真是太大了。瞧，它的总面积一定比当时已知的全部陆地面积大几百倍，这能是真的吗？如果是真的，那么，在已知的世界之外又是些什么呢？

说到天文学距离，我们先要熟悉什么是视差位移（简称视差）。这个名称听起来有点吓人，但实际上，视差是件简单而有用的东西。

我们可以从穿针引线的尝试来认识视差，试试闭上一只眼来穿针，你很快会发现这么干并不怎么有把握：你手中的线头不是跑到针眼后面很远，就是在还不到针眼的地方就想把线穿进去，只凭一只眼是很难判断出针与线之间的距离的。但是，如果睁开双眼，这件事就很容易做到，至少是很容易学会怎样做到。当用两只眼睛观察一个物体时，人们会自动把两只眼睛的视线都聚焦在这个物体上；物体越近，两只眼睛就转动得更接近一些，而进行这种调整时眼球上肌肉所产生的感觉，就会相当可靠地告诉你这段距离有多远。

如果你不是同时用两只眼睛来看，而是分别用左、右眼来看，你就会看到物体（此例中为针）相对于后面背景（如房间里的窗子）的位置是不一样的。这个效应就叫作视差位移，大家一定都很熟悉。如果你从来没有听说过，不妨自己试一下，或看一看图 108 所示的左眼和右眼分别看到的针和窗。物体越远，视差位移越小。因此，我们可以用这种效应来测量距离。视差位移是可以用弧度表示出来的。不过，我们的两只眼睛仅相距 3 英寸左右，因此，当物体的距离在几英尺开外就不能测量得很准了。这是因为物体越远，两只眼睛的视线越趋于平行，视差位移也就越不明显。为了测量更远的距离，就应该把眼睛分得开一些，以增大视差位移的角度。不，这可用不着做外科手术，只要用几面镜子就行了。

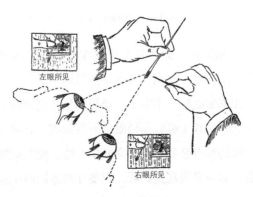

图 108　左眼和右眼所见

在图 109 中，我们能看到海军使用的这样一种测量敌舰距离的装置（在雷达发明以前）。这是一根长筒，两眼前面的位置上各有一面镜子（A、A′），两端各有一面镜子（B、B′）。从这样一架测距仪中，真能够做到一只眼在 B 处看，另一只眼在 B′ 处看。这样，你双眼之间的距离——所谓的光学基线——就显著增大了，因此，所能估计的距离也就会长得多。当然，水兵们不会单靠眼球肌肉的感觉来判断。测距仪上安装有特殊部件和刻度盘，这样能非常精确地测定视差。

图 109　测量敌舰距离

这种海军测距仪，即使对于出现在地平线的敌舰，也是很有把握能测量准确的。然而，用它来测量哪怕是最近的天体——月亮，效果却不怎么好。事实上，要想测量月亮在恒星背景上出现的视差，光学基线（也就是两眼之间的距离）必须得有几百英里。当然，我们没有必要搞出一套光学系统，使我们能够一只眼在华盛顿看，另一只眼在纽约看，只要在两地同时拍摄一张位于群星中的月亮照片就行了。把这两张照片放在立体镜①中，就能看到月亮悬浮在群星前面。天文学家就从这样两张在地球上两个地点同时拍摄的月亮和星星的照片（见图110），算出从地球一条直径的两端来看月亮的视差是1°24′5″，由此得知地球和月亮的距离为地球直径的30.14倍，即384 403千米，或238 857英里。

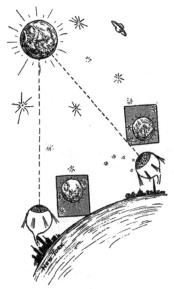

图110　计算地球和月亮的距离

根据这个距离和测量到的角直径，我们算出这颗地球卫星的直径为地球直径的四分之一。它的表面积为地球面积的十六分之一，这约等于非洲大陆的面积。

---

① 立体镜是一种观看图片立体效果的装置。把两张从两个适当角度拍来的同一物体的照片放在立体镜中，两眼分别观看其中一张，就能产生立体效果。

用同样的方法也能求出太阳离我们的距离。当然，由于太阳离我们要远得多，测量就更加困难。天文学家们测出这个距离是149 450 000 千米（92 870 000 英里），也就是月地距离的385倍。正是由于距离这么大，太阳看起来才和月亮差不多大小，实际上，太阳要大得多，它的直径是地球直径的109倍。

如果太阳是个大南瓜，地球就是颗豌豆，月亮则是颗罂粟籽，而纽约的帝国大厦只不过是在显微镜下才能看到的极小的细菌。顺便提一下，古希腊有个进步哲人阿那撒古拉（Anaxagoras），仅仅是因为在讲学时提出太阳是个希腊那样大小的火球，就遭到了流放的惩罚，并且还受到了处死的威胁！

天文学家们还用同样的方法计算出了太阳系中各行星与太阳的距离。不久前（译者：1930年）发现的最远的行星冥王星[①]，离太阳的距离约为地球和太阳距离的40倍，准确地说，这个距离是3 668 000 000 英里。

2. 我们银河系

我们再向太空迈出一步，就从行星走到恒星世界中了，视差方法在这里同样适用。不过，即使离我们最近的恒星，同我们的距离也是很远的，因此，即便是在地球上距离最远的两点（地球的两侧）进行观测，也无法在广袤的星际背景上找出什么明显的视差。然而我们还是有办法的，如果我们能根据地球的尺寸求出

[①] 2006年，第26届国际天文联合会通过决议，将冥王星划为矮行星，自行星之列中除名。

它绕日轨道的大小，那么，为什么不用这个轨道去求恒星的距离呢？换句话说，从地球轨道的两端去观测恒星，是否可以发现一两颗恒星的相对位移呢？当然，这样做，两次观测的时间要相隔半年之久，但那又有什么不可以呢？

怀着这样的想法，德国天文学家贝塞尔（Friedrich Wilhelm Bessel）在1938年开始对相隔半年的星空进行比较。开始它并不走运，所选定的目标都未显示任何视差，这说明它们都太远了，即使以地球轨道直径为光学基线也无济于事。但是，瞧，这里有一颗恒星，它在天文学花名册上叫作天鹅座61（也就是天鹅座的第61颗暗星），它的位置与半年前略有不同（见图111）。

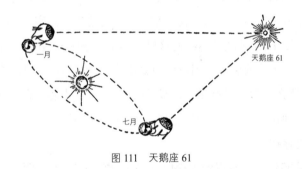

图111　天鹅座61

再过半年进行观测时，这颗星又回到了原位置。可见，这一定是视差效应无疑。因此，贝塞尔就成了拿着码尺跨出太阳系进入星际空间的第一人。

在半年间观察到的天鹅座61的位移是很小的，只有0.6角秒①，这就是你在看 50 英里外的一个人时视线所张的角度（如果你能看见这个人的话）！不过，天文仪器是很精密的，就连这样小的角度也能以极高的精确度测量出来。根据测出的视差和地球轨道直径的已知数值，贝塞尔推算出这颗星在 103 000 000 000 000 千米以外，比太阳的距离还远 690 000 倍！这个数字的意义可不容易体会。在我们举的那个例子中，太阳是个南瓜，在离它 200 英尺远的地方有颗豌豆大小的地球在转动，而这颗恒星则处在 3 万英里远的距离。

在天文学上，往往把很大的距离表示成光线走过这段距离所用的时间（光的速度为 300 000 千米/秒）。光线绕地球一周只用 1/7 秒左右，从月亮到地球只要一秒多一点，从太阳到地球也不过是 8 分钟左右。而来自我们在宇宙中的近邻天鹅座 61 来的光，差不多要 11 年才能到达我们这里。如果天鹅座 61 在一场宇宙灾难中熄灭了，或者在一团烈焰中爆炸了（这在恒星中是时常发生的），那么，我们只有在经过漫长的 11 年后，才能从高速穿过星际空间到达地球的爆炸闪光和最后一线光芒得知，有一颗恒星已经不复存在了。

贝塞尔根据测得的天鹅座 61 的距离，计算出这颗在黑暗夜空中静悄悄地闪烁着的微弱光点，原来竟是光度仅比太阳小一点、大小只差 30% 的星体。这对于哥白尼（Copernicus）的革命性论点——太阳仅仅是散布在无限空间中、彼此遥遥相距的无数星体中的一个，是第一个直接的证据。

①精确数值是 0.600″±0.06″。

继贝塞尔的发现之后，又有许多恒星的视差被测量了出来。有几颗比天鹅座 61 近一些，最近的是半人马座 α（半人马座内最明亮的星，即南门二），它离我们只有 4.3 光年。它的大小和光度都与太阳接近，其他的恒星大多要远得多，远到即使用地球轨道的直径作为光学基线，也测不出视差来。

恒星在大小和光度上的差别也是悬殊的，有比太阳大 400 倍、亮 3 600 倍的猎户座 α（即参宿四，300 光年）之类光彩夺目的巨星，也有比地球还小、亮度是太阳的 1/10 000 的范玛伦星（直径只有地球的 75%，距我们 13 光年）之类昏暗的矮星。

现在我们来谈一谈恒星的数目这一重要的问题。人们普遍认为，天上的星星数不清。然而，正如其他许多流行的看法一样，这种看法是大错特错的，起码就肉眼可见的星星而论是如此。事实上，从南北两个半球可直接看到的星星共有约 7 000 颗；又因为在任何一处地面上只能看到一半的天空，还因为地平线附近大气吸收光线的原因使能见度降低，所以，即便是在晴朗的无月之夜，凭肉眼也只能看到两千颗左右的星星。因此，以每秒钟一颗的速度勤快地数下去，半小时左右就可以把它们数完。

不过，如果我们使用普通的双筒望远镜来观测，就可以多看到 5 万颗星，而一架口径为 2.5 英寸的望远镜，则会显示出 10 万颗来。从安放在加利福尼亚州威尔逊天文台的那架有名的口径 100 英寸的望远镜来观测时，能看到的星星就会达到 5 亿颗。一秒钟数一颗，每天从日落数到天明，一个天文学家要数上一个世纪才能数完。

当然，不会有人真的通过望远镜一颗一颗地数，星星的总数是把几个不同区域内星星的实际数目的平均值推广到整个星空而得出的。

　　一百年前，著名的英国天文学家赫谢尔（William Herschel）用自制的大型望远镜观察星空的时候，注意到了这样一个事实：大部分肉眼可见的星星都分布在横跨天际的一条叫作银河的微弱光带内。由于他的研究，天文学上才确立了这样的概念；这条银河并不是天空中的一道普通星云，而是由为数极多、距离极远，因而暗到肉眼不能逐一分辨的恒星组成的。

　　使用强大的望远镜，我们能看到银河是由很多的一颗颗恒星组成的；望远镜越强大，看到的星星就越多。但是，银河系的主要部分依然处在一片模糊之中。但是，如果就此以为，在银河范围内的星星比其他地方的星星更稠密些，那就大错特错了。实际上，星星在某个区域看起来比较多的现象，并不是真的分布比较集中，而是星星在这个方向分布得深远些。在沿银河延伸的方向，星星是一直延伸到视力的界限；在它们的后面，几乎是空虚无物的空间。

　　沿银河延伸的方向看，就好像在密林里向远处张望，看到的是许多重叠交织的树枝树干，形成一片连续的背景；而沿着其他方向，则能看到一块一块的空间，正如我们在树林里面，透过头上的枝叶，可以看到一片片蓝天一样。

　　可见，这一大群星体在空间占据了一个扁平的区域；在银河平面内伸向很远的地方，而在垂直于这个平面的方向，相对来说范围并不那么远，太阳不过是银河中无足轻重的一员。

　　经过几代天文学家们的仔细研究，已得出了结论：银河包含有大约 40 000 000 000 颗恒星，它们分布在一个凸透镜形的区域内，直径有 100 000 光年左右，厚度在 5 000~10 000 光年上下。

我们还得知，太阳根本不位于这个大星系的中心，而是位于靠近外缘的部分。对我们的自尊心来说，可真是当头一棒啊！

我们想用图112来告诉读者们，银河这个由恒星组成的大蜂窝看起来是什么样子。顺便提一下，银河在科学的语言中应该用银河系这个名称来代替。图中的银河系是缩小到1万亿分之一的。而且，代表恒星的点也比4百亿少得多，这当然是出于印刷角度的考虑。

图112　一位天文学家在观察被缩小了的银河系（太阳的位置大概就在天文学家的头部）

这个由一大群星星所组成的银河系，它最显著的一个性质，就是它也和我们这个太阳系一样，处于迅速的旋转状态中，就像水星、地球、木星和其他行星沿着近圆形的轨道绕太阳运行一样，组成银河的几百亿颗星星也绕着所谓的银心转动，这个旋转的中心位于人马座的方向上。因为在你顺着天河跨过天空的方向找去时，会发现它那雾蒙蒙的模糊外形在接近人马座时变得越来越宽，这表明你现在看到的正是这个凸透镜物体的中心部分（图112中的那位天文学家正是朝着这个方向看去的）。

银心看起来是什么样子呢？我们现在还不知道，因为这一部分不幸被浓云一般暗黑的星际悬浮物质所遮盖了。事实上，如果观察人马座区域中银河变厚的部分[①]，你起初会认为这条神话中的河分成两支"单航道"，但这种分汊并不是真实情况，这种印象是由悬浮在我们和银心之间的星际尘埃和气体的暗云块造成的。它不同于银河两侧的黑暗区，那些黑暗区是空间的暗黑背景，而这里却是不透明的黑云。在中间那片黑云上可以看到的几颗星星，其实是位于我们和黑云之间的（见图113）。

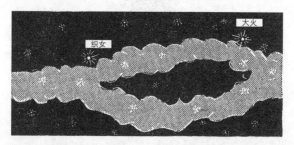

图113　向银心看去，给人的感觉是这条神话中的河分成两汊

看不到这个神秘的、连太阳都绕着它旋转的银心以及其他数十亿颗恒星，当然是件大憾事。不过，通过对散布在银河之外的

---

① 这种观察在初夏的晴夜进行最为有利。

其他星系的观察，我们也能够大致判断出我们这个银心的样子。在银心中，并没有一个像我们这个行星系中的太阳一样的超级巨星在控制着星系的所有成员。对其他星系的研究（以后我们要讲到）表明，它们的中心也是由许多恒星组成的，不过这里的恒星要比太阳附近的边缘区域拥挤得多。如果把行星系统比作由太阳统治着的封建帝国，那么，银河系就像是一个民主国家，一些星星占据了影响的中心位置，其他星星则只好屈尊于外围的卑下社会地位。

如上所述，所有的恒星，包括我们的太阳，全部在巨大的轨道上围绕银心运转。可是，这是怎么证明出来的呢？这些星星的轨道半径有多大呢？绕上一周需要多长时间呢？

所有这些问题，都由荷兰天文学家欧尔特（Jan Hendrik Oort）在几十年前做出了回答。他使用的观察方法与哥白尼用以考察太阳系的方法很相似。

先看一看哥白尼的思考方式。古代巴比伦人、埃及人以及其他古代民族，都注意到木星、土星一类大行星在天空运行的奇特路线。它们似乎是先顺着太阳行进的方向沿着椭圆形轨道前进，然后突然停下来，向后走一段，再折回来朝着原来的方向行进。在图114下部，我们画出了土星在两年时间内的大致路线（土星运转周期为29.5年）。过去，出于宗教偏见把地球当作宇宙的中心，认为所有行星和太阳都绕着地球旋转，对于上面这种奇特的运动，只好用行星轨道是一圈一圈的环套连成的这种假设来进行解释。

但是，哥白尼的目光却敏锐得多，他以天才的思想解释道：这种神秘的连环现象，是由于地球和其他行星都绕着太阳作简单

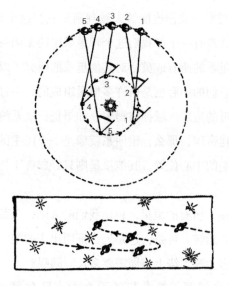

图 114　天体的运行路线

圆周运动的结果。看图 114 的上部，这种解释就好理解了。

太阳位于中心，地球（小一些的那个球）绕着小圆运动，土星（有环者）以相同的方向在大圆上运动。数字 1、2、3、4、5 标出了地球和土星在一年中的几个位置。我们要记住，土星的运行比地球慢许多。从地球各个位置上引出向相应时刻的土星上引连线，我们看出这两个方向（指向土星和固定恒星）间的夹角先是增大，继而减小，然后再增大。因此，那种环套式行进的表面现象并不意味着土星的运动有任何特别之处，只不过是我们本身也在运动着的地球上观测土星时的角度不尽相同罢了。

欧尔特关于银河系中恒星作圆周运动的论点，可从图 115 中搞明白。在图 115 的下方，可以看到银心（有暗云之类的东西）环绕中心，整个图上都有恒星。三个圆弧代表着距中心距离的恒星轨道，中间那个圆表示太阳的轨道。

我们来看八颗恒星（以四射的光芒标出，以区别于其他恒星），其中的两颗与太阳在同一轨道上运动，一颗超前一些，一颗落后一些；其他的恒星，或者轨道远一些，或者近一些，如图115所示。要记住，由于万有引力的作用，外围恒星的速度比太阳小，内层恒星的速度比太阳大（图上用箭头长短表示）。

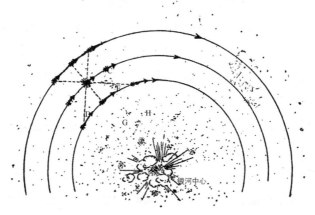

图 115　银河系中恒星的圆周运动

这八颗恒星的运动情况，从太阳也就是从地球上来看，是怎样的呢？我们这里所指的恒星沿观察者视线的方向运动，这可以根据多普勒效应很容易地看明白。首先，与太阳同轨道同速度的两颗恒星（标以 D 和 E 的两侧）显然相对于太阳（或地球）是静止的。这一点也适用于与太阳处于同一半径上的两颗（B 和 G），因为它们与太阳的运动方向平行，沿观测方向没有速度分量。处于外围的恒星 A 和 C 又如何呢？因为它们都以低于太阳运动的速度运行。因此，到 A 的距离会增大，到 C 的距离会减小，而从两颗恒星射来的光线则会分别显示多普勒红移效应和紫移效应。对于内层的恒星 F 和 H，情况正好相反，F 会表现出紫移效应，H 会表现出红移效应。

假定刚才描述的现象仅仅是由于恒星的圆周运动引起的，那么，如果恒星确实有这种运动，我们就不仅能证明这种假设，还能计算出恒星运动的轨道和速度来。通过搜集天空中各颗恒星的运动资料，欧尔特证明了他所假设的红移和紫移这两种多普勒效应确实存在，从而确凿地证明了银河系的旋转。

同样也能证明，银河系的旋转也会影响到各恒星沿垂直于视线方向的视速度。尽管精确测定这个速度分量要困难得多（因为远处的恒星即使有很大的线速度，也只能产生极小的角位移），这种现象也被欧尔特和其他人观察到了。

精确地测定出恒星运动的欧尔特效应，我们就能求出恒星轨道的大小和运行周期。现在我们已经知道，太阳以人马座为中心的运动半径是 30 000 光年，这相当于整个银河系半径的三分之二。太阳绕银心运行一周的时间是两亿年左右，这当然是段很长的时间，不过要知道，我们这个银河系已有 50 亿岁了，在这段时间内，我们的太阳已带着它的行星家族一起旋转了 20 多圈。如果按照地球年这个术语的定义，把太阳公转一周的时间称为"太阳年"，我们就可以说，我们这个宇宙只有 20 多岁。在恒星的世界里，事情的发生的确是很缓慢的，因此，用太阳年作为记载宇宙历史的时间单位，倒是颇为方便。

3. 走向未知的边界

前面已经提到过，我们这个银河系并不是唯一的在巨大的宇宙空间中飘浮的、孤立的恒星社会。望远镜的研究已经在空间深处揭示了许多巨大的系统，它们和我们这个太阳所属的星群很相似。距我们最近的一个是著名的仙女座星云，它可直接用肉眼看到。它的样子是一个又小又暗的相当长的模糊形体。图版Ⅶ的a和b是用威尔逊山天文台的大望远镜所拍摄到的两个这样的天体，它们是后发座星云的侧视图和大熊星座的正视图。可以注意到，它们有典型的旋涡结构，而在总体上构成了和我们这个银河系一样的凸透镜形，因此，这些星云被称为"旋涡状星云"。有许多证据表明，我们的银河系也是这样一个旋涡体。当然，要从内部来确定这一点是件困难的工作，但我们还是了解到，太阳非常可能位于我们这个"银河大星云"的一条旋涡臂的末端上。

在很长一段时间内，天文学家并未意识到这类旋涡星云是与我们这个银河系类似的巨大星系，却把它们和一般的弥散星云混为一谈，后者是散布在空间中的微尘所形成的巨大云状物，如悬浮在银河内恒星之间的猎户星云。但是，人们后来发现，这些看起来雾蒙蒙的旋涡状天体根本不是尘埃和雾气。使用最高倍的望远镜，可以看到一个个小点，这证明它们是由单独的恒星组成的。不过它们离我们太远了，无法用视差法求出它们之间的距离。

看起来好像我们测量天体之间的距离的手段用完了，然而并没有，在科学研究中，当我们在某个无法克服的困难面前停止下来时，耽搁往往是暂时的，人们总是会有新的发现，从而使我们再继续下去。在这里，哈佛大学的天文学家沙普勒（Harlow Shapley）又找到了一根新式的"量天尺"——所谓脉动星或造父变星①。

天上星，数不清。大多数星星宁静地吐着光辉，但有一些星星，它们的光度则是有规律地发生明暗变化，这些巨大的形体像心脏一样规则地搏动着，它的亮度也随着搏动进行周期性变化②。恒星越大，脉动周期越长；这就像钟摆越长，摆动就越慢一样。很小的恒星（就恒星而论）几小时就完成一个周期，巨星则需要很多年。而且，既然恒星越大就越明亮，那么造父变星的脉动周期与平均亮度之间一定存在着相互关系。通过观测离我们相当近、因而能够直接测出距离和绝对亮度的仙王座造父变星，这种关系是可以确定下来的。

如果我们发现了一颗脉动星，它的距离超出了视差法的量程，那么，我们只要从望远镜里观测它的脉动周期，就能知道它的真实亮度；再把它与视亮度对比，就可以立即知道它的距离。沙普勒就是用这种机敏的方法，成功测出了银河内的极远距离，并有效地估计出我们这整个星系的大小。

当沙普勒用这种方法来测量仙女座星云中几颗脉动星时，所得到的结果使他大吃一惊：从地球到这几颗恒星的距离——这当然也就是到仙女座星云本身的距离——竟达 1 700 000 光年。这就是说，它比银河系的直径要大得多。仙女座星云的体积原来只比我们这个银河系略小一些。本书图版Ⅶ上的两个旋涡状星云还要更远，它们的直径也和仙女座星云不相上下。

---

① 这种星的脉动变化现象是首先在仙王座 β 星（造父一）上发现的，因此就以此命名。
② 不要和交食变星，即两个互相围绕对方转动的双星的周期性互相掩食现象相混。

这个发现宣判了原来那种认为旋涡状星云是银河系内的"小家伙"的观点的死刑，并确定了它们作为类似于银河系的独立星系的地位。如果在仙女座星云数以亿计的恒星中，有一颗恒星所属的行星上有"人类"存在，那么，他们所看到的我们这个银河系的形状，就和我们现在看他们那个星系的形状差不多。对此，天文学家现在已不再有什么怀疑了。

由于天文学家，特别是著名的星系观测家、威尔逊山天文台的 E. 哈勃（Edwin Powell Hubble）的探索，这些遥远的恒星社团已向我们披露了许多有趣且重要的事实。例如，由强大的天文望远镜所观测到的数量众多——比肉眼能看到的星星还多——的星系并不都是旋涡状的，而且种类还不少。有球状星系，它看起来像个边界模糊的圆盘；有扁平程度各不相同的椭球状星系；即使是旋涡状的，其"绕卷的松紧程度"也有所不同；此外，还有形状奇特的"棒旋星系"。

把观测到的各种星系按类型排列起来，得到一个极为重要的事实（见图 116）：这个序列可能表示了这个巨大星系的各个不同的演化阶段。

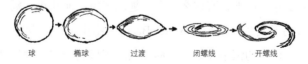

球　　　椭球　　　过渡　　　闭螺线　　　开螺线

图 116　星系正常演化中的各个阶段

关于星系演化的详细过程，我们还远远没有达到了解的地步，不过，演化很可能是由于不断收缩而造成的。大家都知道，当一团缓慢旋转的球状气体逐步收缩时，它的旋转速度会加快，形状也随之变为椭球体。当收缩到一定阶段，即当椭球的极轴半径与赤道半径的比值达到 7/10 时，就会在赤道上出现一道明显的棱，呈凸透镜状。再进一步收缩，旋转的气体物质会沿棱圈方向散开，在赤道面上形成一道薄薄的气体帷幕，同时整团气体仍大体上保持着透镜的形状不变。

英国著名物理学家兼天文学家金斯（James Hopwood Jeans）从数学上证明了上面这些说法对于旋转的球状气体是成立的。同时，这种论证也可以原封不动地应用到星系这类巨大的星云上去。事实上，让单个恒星扮演分子的角色，我们就可以把这样密集在一起的亿万颗恒星看成一团气体了。

把金斯的理论计算和沙普勒对星系的实际分类对照一下，就会发现两者完全吻合。具体地说，我们已发现所观测到的最扁平的椭球状星云，其半径之比为 7/10（E7）；而且这时开始在赤道位置上出现明显的棱圈，至于演化后期出现的旋臂，显然是由迅速旋转时被甩出的物质形成的。不过，迄今为止，我们还不能非常圆满地解释为什么会出现这种臂，它们是怎样形成的，以及造成普通旋臂和棒型旋臂的差别的原因。

对这些星系的构造、运动和各部分组成的了解，还需要做许多研究工作。例如，有这么一个有趣的现象：前几年，威尔逊山天文台的天文学家巴德（Walter Baade）指出，旋涡状星云的中心部分（核）的恒星和球状、椭球状的恒星属于同一种类型，但在旋臂内却出现了新的成员。这种"旋臂型"成员因其又热又亮而和中心的部分不同，是所谓的蓝巨星。在旋涡星系的中心部分和球状、椭球状星系的内部找不到这种恒星。以后（在第十一章）我们将看到，蓝巨星极可能是新诞生不久的恒星，因此，我们有理由认为，旋臂是星空新成员的产房。可以假设，从正在收缩的椭球状星系那膨胀的"腰部"甩出来的物质，有一大部分是气体，它们来到寒冷的星际空间后，就凝缩为一块块巨大的天体，这些天体以后又经收缩，变得炽热而明亮。

在第十一章中，我们还要再回头来探讨恒星的产生和经历。现在，我们应该考虑一下星系在广大宇宙空间的大致分布。

首先说明一点：通过观测脉动星来测量距离的方法，在用来判断银河系附近的一些星系时得到极好的结果。然而，当进入太空的更深处时，这种方法就变得很不灵了，因为这时的距离已大到即使使用最强大的望远镜也不能分辨出单个星星的程度。这时所看到的整个星系不过是一团小小的长条星云。在这种情况下，我们只能凭所见到的星系的大小来判断距离，因为星系并不像单个恒星那样大小有别，同一类型的星系是同样大小的。如果所有的人都一样高矮，既无侏儒，又无巨人，你就总是可以根据一个人的视觉大小来判断出他的远近。这两者是同样的道理。

哈勃用这种方法估计了远方的星系，他得出了在可见（用最大倍率的望远镜）的空间范围内，星系或多或少均匀地分布的结论。我们说"或多或少"，是因为在许多地方星系成群聚集在一起，有时竟达上千个之多，就好像许多恒星聚集成银河系那样挤在一起。

我们的星系——银河系——看来显然是属于一个比较小的星系，它的成员包括3个旋涡状星系（包括银河系和仙女座星云）、6个椭球状星系及4个不规则星云（其中有两个是大、小麦哲伦星云）。

不过，除了这种偶尔存在的群聚现象外，从帕洛马山天文台的200英寸天文望远镜看去，星系是相当均匀地散布在10亿光年的可见距离内的，两个相邻星系的平均距离为500万光年，在可见的宇宙地平线上，包含有几十亿个恒星世界！

如果还采用前面的比喻，把帝国大厦看作细菌那么大，地球是一颗豌豆，太阳是一个南瓜，那么，银河系就是分布在木星轨道范围内的几十亿个南瓜，而许许多多这样的南瓜堆又分布在半径略小于地球到最近恒星这样一个球形空间内。是啊！实在难找出一种表示宇宙间各种距离所成比例的尺度来啊！瞧，即使把地球比成一颗豌豆，已知宇宙的大小还是天文数字！我们试图用图117告诉大家，天文学家们是如何一步一步地勘测宇宙的：从地

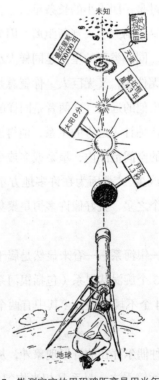

图117　勘测宇宙的里程碑距离是用光年表示的

球开始到月亮，然后是太阳、恒星，然后是遥远的星系，一直到未知世界的边界。

现在，我们准备来解答宇宙的大小这个根本问题。宇宙是无限延伸的，还是有有限的（当然相当大）体积？随着望远镜越来越大，越来越精密，我们探寻的目光到底是总能发现一些新的、未被勘查过的空间呢，还是与此相反，我们终将至少在理论上审视到最后一颗恒星呢？

当我们说宇宙可能是"确定大小"的时候，当然并不是想告诉大家，在远到几十亿光年的地方，人们会碰到一堵大墙，上面写着"此路不通"的字样。

事实上，我们在第三章里已经讲过，空间可以是有限而没有边界的。这是因为它是可以弯曲的，并且"自我封闭"起来。这样，一位假想中的空间探险家，尽管他笔直地驾驶着飞船，却会在空间描出一条短程线，并回到他出发的地方来。

这当然就像是一个古希腊探险者，从他的家乡雅典城出发，一直向西，结果在走了许久之后，却发现自己又从东门进了这座城一样。

正如同我们无须周游世界，只凭在一块相对来说很小的部位上进行几何测量，就可以测定地球的曲率一样，我们也可以在现有望远镜的视程内，测定出宇宙三维空间的曲率。在第五章中，我们曾看到，有两种不同的曲率：相对于有确定体积的封闭空间的正曲率，以及相对于鞍形无限开放空间的负曲率（见图43）。这两种空间的区别在于：均匀散布在封闭空间内的物体，其数目的增长慢于距离的立方，而在开放空间则恰恰相反。

宇宙空间内"均匀散布的物体"就是各个星系。因此，要想解决宇宙的曲率问题，只需统计不同距离内单个星系的数目就可以了。

哈勃曾做了这种统计，他发现，星系的数目很可能比距离的立方增长慢一些，因此，宇宙大概是一个有确定体积的正曲率空间。不过一定要记住，哈勃所观察到的这种效应非常不显著，只是在威尔逊山上那架 10 英寸望远镜视线的尽头才刚刚有所察觉。至于用帕洛马山上那架新的 200 英寸反射式望远镜在最近进行的最新观测，还没有对这个重大问题做出更明确的答复来。

现在还不能对宇宙是否有限这个问题做出肯定回答的原因还在于：远处星系的距离只能靠它们的视亮度来确定（根据平方反比定律）。使用这种方法，需要假设所有的星系都具有同样的亮度，然而，如果星系的亮度随时变化（即与年代有关），就会导致错误的结论。要知道，通过帕洛马山望远镜所看到的最远的星系，大多都在 10 亿光年的远处，因此，我们看到的是它们在 10 亿年前的状况。如果星系随着自己的衰老而变暗（大概是由于有些活动的恒星成员熄灭所致），那就得对哈勃的结论进行修正。事实上，只要星系的光度在 10 亿年里（它们寿命的 1/7 左右）改变一个很小的百分数，就会把宇宙有限这个结论颠倒过来。

这样，大家都看到了，为了确定我们的宇宙到底是有限的还是无限的，还有许许多多的工作等待我们去做！

第十一章 "创世"的年代

1. 行星的诞生

对于我们这些居住在七大洲上的人来说，"坚实"这个词与稳固和永恒有同样的意思。就我们而言，对于熟悉的地球表面，无论陆地还是海洋，山脉还是河流，它们都像是自开天辟地以来就存在似的。当然，古代的地质资料表明，大地的表面一直处于不断的变化中：陆地的大片面积可能被海洋淹没，海底也可能升出水面。

我们也知道古老的山脉会被雨水逐渐冲刷成平地，新的山系也会由于地壳的变动而不时产生。不过，这些变化仅仅是我们这个星球的固体外壳发生了变动而已。

然而不难看出，地球曾有过一段根本没有地壳的时代。那时候，地球是一个发光的熔岩球体。事实上，根据对地球内部的研究得知，地球的大部分目前仍处于熔融状态。我们不经意地说出来的"坚实"这个东西，实际上只是漂浮在岩浆上面的一层相对来说很薄的硬壳而已。要得出这个结论，最简单的办法就是测量地球内部各个深度上的温度，测量结果表明，每向下1 000米，地温就上升30℃(或每向下1 000英尺，上升16℉)。正因为如此，在世界最深的矿井（南非的姆波尼格深井）里，井壁是如此之烫，以致必须安装空气调节设备，否则矿工们就会被活活烤熟。

按照这种增长率，到了地下 50 千米的深度，也就是还不到地球半径的 1% 深处，地温就会达到岩石的熔点（1 200~1 800℃）。在这个深度以下，地球质量的 97% 都以完全熔融的状态存在。

显然，这种状态绝不会一直持续不变，我们现在所观察到的不过是从地球曾经是一个完全熔融体的过去起，到地球逐渐冷却为一个完全的固体球的过程的某个阶段。由冷却率和地壳加厚速率粗略计算一下，可以得知，地球的冷却过程一定在几十亿年前就开始了。

通过估算地壳内岩石的年龄，也得到了同样的数据。尽管乍一看来，岩石似乎并不包含可改变的因素，因此人们才常用"坚如磐石"这句成语。但实际上，许多种岩石都是一种天然钟，依靠它们，有经验的地质学家可以判断出这些岩石自熔融状态凝固以来所经历的时间。

这种揭露岩石年龄的地质钟就是微量的铀和钍。在地面和地下各个深度的岩石里，常常会有它们的踪迹。在第七章里我们看到过，这些原子会自发进行缓慢的放射性衰变，并以生成稳定的元素铅而告终。

为了确定含有这些放射性元素的岩石有多大年龄，我们只要测出由于长期放射性衰变而积累起来的铅元素的含量就行了。

事实上，只要岩石处在熔融状态下，放射性衰变的产物就会因扩散和对流作用而离开原处。一旦岩石凝固以后，放射性元素所转变成的铅就会开始积累起来，其数量可以准确地告诉我们这个过程的持续时间。这种情况和间谍通过散落在太平洋两座岛屿上棕榈林中空啤酒罐头盒的数目，就可以判断出敌人一个舰队在这个地方驻扎的时间一样。

近年来，人们又应用改进过的技术，精确地测定了岩石中的铅同位素及其他不稳定同位素（如铷 87 和钾 40）的衰变产物的积累量，由此算出最古老的岩石存在了约 45 亿年。因此，我们的结论是：地壳一定是在大约 50 亿年前由熔岩凝固成的。

因此，我们能够想象出，地球在 50 亿年前是一个完全熔融的球体，外面环绕着稠密的大气层，其中有空气和水蒸气，可能还有其他挥发性很强的气体。

这一大团炽热的宇宙物质又是从哪里来的呢？是什么样的力量决定了它的形成呢？这些有关我们这个星球和太阳系内其他星球起源的问题，是宇宙论（有关宇宙起源的理论）的基本课题，也是多少世纪以来一直萦绕在天文学家心中的一个谜。[见图 118（a）]

几十年后，德国著名的哲学家康德（Immanuel Kant）提出了一个截然不同的观点，他认为各行星是太阳自己创造的，与其他天体无关。康德设想，早期的太阳是一个较冷的巨大气体团，它占据了目前的整个星系空间，并绕着自己的轴心缓慢转动。由于向周围空间进行辐射，这个球体逐渐冷却，从而使它自己一步一步进行收缩，旋转的速度也随之加快。结果，由旋转产生的离心力也随之增大，从而使这个处于原始状态的太阳不断变扁，最后沿不断扩张的赤道面喷射出一系列气体环 [见图 118（b）]。普拉多（Plateau）曾做过物质团旋转时形成圆环的经典实验：他使一大滴油（不像太阳的情况那样是气体）悬浮在与油的密度相同的另一种液体中，用一种附加机械装置使油滴旋转，当旋转速度达到某个限度时，油滴外围就会形成油环。康德假定，太阳以这种方式形成的各个环，后来又由于某种原因断裂开来，并集中成为各个行星，在不同的距离上绕太阳运转。

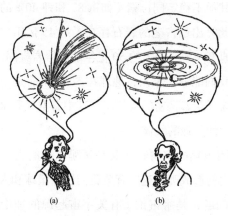

图 118　两种不同的学说
（a）布丰的碰撞说；（b）康德的气体环说

后来，这些观点被法国数学家拉普拉斯（Pierre-Simon Laplace）所采纳和发展，并于 1796 年发表在《宇宙系统论》一书中。拉普拉斯是一位卓越的数学家，然而在本书中，他却没有使用数学工具，仅就太阳系形成的理论做了半通俗化的定性论述。

60 年后，英国物理学家麦克斯韦（Clerk Maxwell）首次试图从数学上说明康德和拉普拉斯的宇宙学说，但他遇到了明显无法解释的矛盾。计算表明，如果太阳系的这几个行星是由原来均匀散布在整个太阳系空间内的物质所形成的，那这些物质的密度未免太低了，根本无法凭借彼此间的万有引力聚成各个行星。因此，太阳收缩时甩出的圆环将永远保持着这种状态，就像土星的情况那样。大家知道，土星的外围有一个环，那是由无数沿圆形轨道绕土星运转的小颗粒组成的，我们看不出它们有"凝缩"成一个固体卫星的趋势。

要想摆脱这种困境，唯一的出路是假设初始状态的太阳所抛出的物质要比现在行星所具有的物质多得多（至少多 100 倍），这些物质中的绝大部分后来又回到太阳内，只有不足 1% 的部分留下来，成为各个行星。

然而，这种假设也会导致新的矛盾，这个矛盾的严重性并不亚于原来的那个。这就是：如果这一大部分物质——它们当然具有与行星运动相等的速度——确实落到太阳上，必然会使太阳自转的角速度变为实际速度的 5 000 倍。那么，太阳就不会像目前这样大约每四个星期自转一周，而是一个小时要转 7 圈。

上述考虑看来已经宣判了康德—拉普拉斯假说的死刑，因此，天文学家们充满希望的目光又转向别的地方。在美国科学家钱伯伦（Thomas Chrowder Chamberlin）、莫尔顿（Forest Ray Moulton）以及英国科学家金斯的努力下，布丰的碰撞说又复活了。当然，随着科学知识的不断增长，它们对布丰原有的观点所涉及的基本知识作了一定的修改。与太阳相撞的那颗彗星被摒弃了，因为这时人们已经知道，彗星的质量小到即使与月亮比起来也微不足道的地步。这一回，假设的进犯者是大小和质量都与太阳相当的另一颗恒星。

但是，这个再生的碰撞假说，虽然避开了康德—拉普拉斯假说的根本性困难，它自己却也难以立足。人们很难理解：为什么一颗恒星与太阳猛烈碰撞时，碰出来的各个小块物质都沿着近似圆形的轨道运动，而不是在空间中形成一些拉长的椭圆轨道？

为了避免这种情况，人们只好假设，在太阳受到恒星撞击而形成行星的时候，它的周围包围着一层旋转着的均匀气体，在这种气体包层的作用下，细长的椭圆轨道就变成了正圆形。但是，在行星运行的区域内，目前并未发现这种介质。因此，人们又假设，这些介质后来逐渐散入星际空间，目前人们在黄道附近看到的微弱的黄道光，就是这种昔日的光轮的残余。这样一来，就得到了一个杂交的理论，其中既有康德—拉普拉斯的原始气体层假设，又有布丰的碰撞假设。这个假设也不能完全令人满意。但正如俗语所说，"两害相权取其轻"，碰撞假设就这样被接受为行星起源的正确学说，还出现在所有科学论文、教科书和通俗小册子中（包括我自己的两本书《太阳的生与死》和《地球的自转》在内）。

　　直到1943年秋，才有位年轻的德国物理学家魏扎克把这个行星起源理论中的症结解开。魏扎克根据最新的天文研究资料指出，康德—拉普拉斯假设中所有的那些阻碍都很容易消除，关于行星起源的详细理论是可以建立起来的，行星系的许多迄今为止未被原有理论接触到的重要方面也得到了解释。

　　魏扎克的主要论点是建立在最近几十年中天体物理学家们完全改变了他们对宇宙化学成分的看法的基础上的。过去，人们普遍认为，太阳和其他一切恒星的化学成分的百分比与地球相同。对地球进行的化学分析告诉我们，地球主要是由氧（以各种氧化物的形式存在）、硅、铁和少量的其他重元素组成的，而氢、氦（还有氖、氩等所谓的稀有气体）等较轻的气体在地球上只以很

少的数量存在 [①]。

当时，由于天文学家们没有其他更好的证据，只好假设这些气体在太阳和其他恒星内是非常稀少的。然而，通过对天体结构所进行的详细理论研究，丹麦物理学家斯特劳姆格林（B.Strongren）下结论说，上述假设大错特错。事实上，太阳的物质中至少有35%是氢元素。后来，这个比例又增至50%以上，此外，还有占一定百分比的纯氦。不论对太阳内部所进行的理论研究（这在史瓦西的重要著作中达到了登峰造极的地步），还是对太阳表面所进行的精密光谱分析，都使天体物理学家们做出令人惊讶的结论：在地球上普遍存在的化学元素，在太阳上只占1%左右，其余都为氢和氦，前者略多一些。显然，这个分析也同样适用于其他恒星。

人们还进一步知道，星际空间并非真空，而是充斥着气体和微尘的混合物，平均密度为每1 000 000立方英里1毫克左右。显然，这种弥漫的、极其稀薄的物质具有和太阳及其他恒星相同的化学成分。

尽管这种物质的密度低得让人难以置信，但证明它的存在却是很容易的。因为从遥远恒星发来的光，在进入我们望远镜之前，要走过几十万光年的空间，这足以产生能被捕捉到的吸收光谱。由这些"星空吸收谱线"的强度和位置，可以相当满意地计算出这些弥漫物质的密度，并判断出它们几乎完全是由氢（可能还有氦）组成的。事实上，其中各种"地球物质"的微尘（直径

_____

① 在我们这个行星上，绝大部分的氢以它的氧化物——水的形式存在。大家知道，水虽然覆盖了地球表面3/4的面积，但其质量与地球总质量相比是很小的。

在 0.001 毫米左右）还占不到这种物质总质量的 1%。

回到魏扎克理论的基本观点上来，我们说，这些关于宇宙物质化学成分的新知识是直接有利于康德—拉普拉斯假说的。事实上，如果太阳外围原有的气体包层是由这种物质组成的，那么，其中就只有一小部分，即较重的那些地球元素，能用于构成地球和其他行星，其余那些不凝的氢气和氦气，必定是以某种方式与之分离，或者落到太阳上去，或者逸散到星际空间中去。我们在前面已经说过，第一种情况会使太阳获得很高的自转速度，所以我们就应该接受第二种说法，即当"地球元素"形成各个行星后，气态的"剩余物资"就扩散到空间中去了。

这种观点为我们提供了星系形成的如下图景：当太阳由星际物质凝聚生成时（见下一节），其中一大部分物质，大约有现在行星系总质量的 10 倍，仍留在太阳之外，形成一个巨大的旋转包层（产生旋转的原因很明显是由于星际物质向原始太阳集中时，各部分的旋转状态不同造成的）。这个快速旋转的包层有不凝的气体（氢、氦和少量的其他气体）以及各种地球物质的尘粒（如铁的氧化物、硅的化合物、水汽和水晶等）组成，后者被包含在前者之内，并随之一道旋转。大块的"地球物质"，也就是各行星，一定是尘粒互相碰撞并逐步汇聚的结果。在图 118 中，我们表示出以陨星的速度进行碰撞所造成的后果。

在逻辑推理的基础上，可以得出结论，如果两块质量相近的微粒以这种速度碰撞，当然会双双粉身碎骨［见图 119（a）］，它们非但没有增大，反而变得更加小了。与此相反，如果一块小的与一块很大的相撞［见图 119（b）］，显然小的一块会埋入大块之内，形成一块稍大一些的新物体。

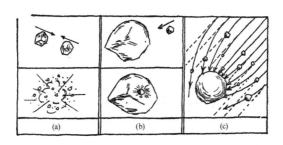

图 119　微粒碰撞

很明显，这两个过程的发生将使小颗的微粒逐步减少，并形成大块物体。越到后来，物体的体积就越大，越能凭借自己的万有引力把周围的微粒吸引过来与自己合并。图 119（c）画出了大块物体的俘获效应增强的情况。

魏扎克曾证明，在当今行星系所占据的空间里，那些原来遍布各处的细微尘粒，能够在几亿年的时间内汇聚成几团巨大的物质——行星。

当这些行星在绕太阳运行的过程中吞并大大小小的宇宙物质而长大的时候，表面一定会由于这些新成员的持续轰炸而变得炽热。然而，一旦这些星际微尘、石粒和岩块用完之后，行星的增长即宣告终止。表面也会由于向空间辐射热量而迅速冷却，从而形成一层固态地壳，随着行星内部缓慢冷却，地壳也变得越来越厚。

各种天体理论试图解释的另一个重要问题，是各行星与太阳的距离所呈现的特殊规律［叫作提丢斯 - 波得（Titius-Bode）定

则]。我们来看看表5，表中所列的是太阳系的九大行星[①]及小行星带与太阳的距离。小行星显然是一群由于特殊情况而没有凝聚成大行星的单独小块。

表5　九大行星及小行星带与太阳的距离

行星名称	与太阳的距离（以日地距离为标准单位）	各行星与太阳的距离同前一行星与太阳距离的比值
水星	0.387	
金星	0.723	1.86
地球	1.000	1.38
火星	1.524	1.52
小行星带	2.7 左右	1.77
木星	5.203	1.92
土星	9.539	1.83
天王星	19.191	2.011
海王星	30.07	1.56
冥王星	39.52	1.31

表中最后一栏数字特别令人感兴趣。这些数字虽然略有不同，但都与数字2差不多。因此，我们可以建立这样一条粗略的规律：每一颗行星的轨道半径都差不多是前一行星轨道半径的两倍。

有趣的是，这条定则也适用于各行星的卫星。例如，表6中所列的土星的九个卫星与土星的距离就证实了这条规律。

---

① 见本书第 268 页注释。

表6　土星的九个卫星与土星的距离

卫星名称	距土星的距离（以土星半径为单位）	相邻两颗卫星距离之比（大多比小数）
土卫一	3.11	
土卫二	3.99	1.28
土卫三	4.94	1.24
土卫四	6.33	1.28
土卫五	8.84	1.39
土卫六	20.48	2.31
土卫七	24.82	1.21
土卫八	59.68	2.40
土卫九	216.8	3.63

在这里，同太阳系的情况一样，我们遇到了几个特例（特别是土卫九），但我们仍可相信，卫星中也存在着同样的规律。

太阳的外围原有的这些微尘为什么不形成一个单独的大行星呢？这些行星又为什么以这种特殊的规律分布呢？

为了解答这个问题，我们得对原始尘埃中的微尘的运动做较为细致的了解。首先，我们都还记得，一切物体——微尘、陨石、行星等——都按牛顿定律沿椭圆形轨道运动，太阳则位于椭圆的一个焦点上，如果形成各行星的这些微尘是直径为 0.000 1 厘米的粒子[①]，那么在开始时一定有数量为 10^{45} 的粒子在各种大小不同、圆扁度不同的轨道上运动，很清楚，在这种拥挤的交通下，粒子间必定经常发生碰撞。整个系统在不断撞击下会逐渐变得整齐。不难理解，这样的碰撞要不是使"肇事者"粉身碎骨，就必定迫使它移到不那么拥挤的路线上去。那么，这种"有组织

---

① 这是星际空间弥漫物质的平均大小。

的（至少是部分有组织的）交通"是由什么规律控制的呢？

对于这个问题，我们从一群绕太阳公转而周期相同的粒子入手。在这些粒子当中，有一些会在一定半径的圆形轨道上运转，另一些则在扁长程度不同的椭圆形轨道上行进［见图120（a）］。现在，我们从一个以太阳为圆心、以粒子的公转周期为周期的旋转坐标系（X、Y）来描述这些粒子的运动。

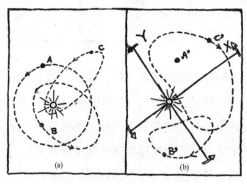

图 120　圆形和椭圆形运动
（a）从静止坐标系上观察圆形和椭圆形运动；（b）从旋转坐标系上观察圆形和椭圆形运动

很清楚，从这种旋转坐标系上进行观察时，沿圆形轨道运动的粒子 A 永远静止在某一点 A′上，而沿椭圆形轨道行进的粒子 B，它有时离太阳近，有时离太阳远；近时角速度大，远时角速度小。因此，从匀速旋转的坐标系（X、Y）上看，B 有时抢在前面，有时落在后面。不难看出，这个粒子从这个坐标系看来是在空间描绘出一个封闭的蚕豆形轨迹，在图 120 中以 B′表示。另一个粒子 C 的轨迹更为扁长，从坐标系（X、Y）上看，它也描出了一个蚕豆形的轨迹，不过要大一些，以 C′表示。

很明显，要使这一大团粒子不发生碰撞，各粒子在匀速旋转的坐标系中所描绘的蚕豆形轨迹必须保证不相互交叉。

我们还记得，具有相同运行周期的粒子，距太阳的平均距离是相同的。因此，坐标系（X、Y）中各个粒子轨迹不相交的图形一定是像一串环绕太阳的"蚕豆项链"一样。

上面这些分析对读者来说可能有点难懂，实际上它所表述的却是一个相当简单的过程，目的在于搞清楚一团与太阳平均距离相同、旋转周期相同的粒子不至于相交的交通路线图。我们会想到，原先绕太阳运行的粒子会有各不相同的平均距离，旋转周期也随之不同，因此，实际情况要复杂得多。"蚕豆项链"不会只有一串，而是有很多串，这些项链以不同的速度旋转。魏扎克通过缜密的分析指出，为了使这样一个系统能稳定下来，每一条"项链"必须包括 5 个单独的旋涡状系统，整个情况看来就如图 121 所示。这种安排可以保证同一条项链内的"交通安全"。

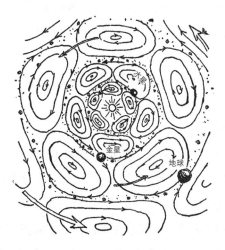

图 121　在早期的太阳包层中微尘的通道

但是，每串项链旋转的速度各不相同，因而在两条"项链"交叉的位置一定会发生"交通事故"。在这些作为相邻链环的共同边界的地方，大量的相撞必然造成粒子的汇聚，因而在特定距离上会形成越来越大的物体。因此，随着每一条"项链"内物质的逐渐稀薄，在边界地区物质会逐渐积累，最后形成行星。

这段对于行星系统形成过程的描述，简单地解释了行星轨道半径所呈现出的规律。事实上，只需进行简单的几何推断，就能看出图 121 所示的图样中，连续的边界线中相邻的两条边界半径构成了一个几何级数，每一项都是前一项的两倍。我们还能看出为什么这条规律不是非常准确的。事实上，并不是严格的定律决定着这些微尘的运动，而只是不规则的运动达到了这样一种趋势而已。

这条规律也适用于太阳系各行星的卫星系统。事实证明，卫星也是按同样的方式形成的。当太阳周围的原始微尘分成各个单独的粒子团以形成行星时，上述过程在各团粒子中都得到重复：各粒子团中大部分粒子会集中在中心成为行星体，其余部分则会在外围运转，并逐渐聚成一群卫星。

在讨论这种微尘的碰撞和粒子的汇聚时，我们不能忘记考虑原来占太阳包层 99% 上下的那些气体成分的去向。这个问题相对来说是很容易回答的。

当微尘互相碰撞，越来越大时，那些不能加入这个过程的气体会逐渐弥散到星际空间中去。不需要做很复杂的计算就能求出，这种弥散过程大约需要一亿年，也就是说和星系形成所需的时间差不多。因此，在各行星产生的同时，太阳包层中大部分氢和氦都已逃离太阳系，只剩下可以忽略的一小部分，就是上文提到过的黄道光。

魏扎克理论的一个非常重要的结论是：行星系的形成并不是偶然的事件，而是在所有恒星周围都必然发生的现象。而碰撞理论则认为，行星的形成在宇宙史中极为罕见。计算表明，在银河系的四百亿颗恒星中，在它几十亿年的历史中，充其量只能发生几起恒星相撞的事件。

按照魏扎克的观点，每颗恒星都有自己的行星系统，那么在我们的银河系内就会有数以百万计的行星，它们的物理条件都与地球基本相同。如果在这些"可居住"的地方竟然不能发展到最高阶段——存在生命，那才是怪事呢！

事实上，我们在第九章中已经看到，最简单的生命，如各种病毒，无非是由碳、氢、氧、氮等原子组成的复杂分子而已。这些元素在任何新形成的行星体表面都会大量存在。因此，我们可以确信，一旦固态地壳生成，大气中大量的水蒸气降落在地面汇成水域后，迟早总会有一些这类分子在偶然的机缘下由必要的原子按必要的次序生成。当然，这些分子的结构很复杂，因而偶然形成它们的概率极低，就如同靠摇动一盒七巧板想正好得到某个预想图样的概率一样。但是另一方面，我们也不要忘记，不断相撞的原子那么多，时间又那么长，迟早总会出现这种机会的。我们地球上的生命在地壳形成不久就出现了，这个事实证明，尽管看起来好像不可能，但复杂的有机分子确实能在几亿年的时间内靠偶然的机会生成。一旦这种最简单的生命形式在新行星的表面上诞生，它们的繁殖和逐步进化，必将导致越来越复杂的生物体不断形成①。我们还知道，在各个"可供居住"的行星上，生命的进化是否也遵循着同地球上一样的过程。因此，对这些地方的生命进行研究，将使我们对进化过程得到根本的了解。

不久的将来，我们会乘坐核动力推进的空间飞船做进一步的探险旅行，去火星和金星（太阳系中最好的"可供居住"的行星）上对它们是否有生命存在进行研究。至于在几百、几千光年远的宇宙中是否有生命存在，以及那里的生命的存在形式，则恐怕是科学家很难解答的问题。

2. 恒星的"私生活"

对于单独的恒星如何拥有自己的行星家族，我们已经有了或多或少的了解，现在该考虑一下恒星本身了。

恒星的履历如何？有关它们的诞生、长期的变化以及最后的结局，详细情况又是怎样的呢？

要研究这类问题，我们不妨先从太阳入手，因为它是我们这个银河系的几十亿颗恒星中很典型的一颗。首先，我们知道，太阳是一颗古老的恒星，因为根据古生物学的数据来判断，它已经以不变的强度照耀了几十亿年，使地球上的生物得以生长。任何普通能源都不可能这样长时间地提供这么多的能量，所以，太阳的能量辐射一直以来都是科学上的一个谜。直到科学家发现了元

---

① 关于地球上生命起源和进化的详细论述，可参考本书作者的另一本著作《地球的自转》。

素放射性嬗变和人工嬗变，才揭示出这种潜藏在原子核深处的巨大能量。在第七章中我们曾看到，差不多每一种化学元素都可以看作是一种潜在的、拥有巨大能量的燃料，这些能量会在这些元素达到几百万度的高温时释放出来。

然而，这样的高温，在地球上的实验室几乎是无法获得的，但在星际空间却不足为奇。以太阳为例，它的表面温度只有6 000℃，但温度向内逐渐升高，直到中心部分达到2 000万摄氏度的高温。这个数字并不难得到，根据测得的太阳表面温度和已知的太阳气体的热传导性质可以求出。这正像我们知道的一个热土豆的表面有多热，又知道土豆的热传导系数，就可以推算出它内部的温度，而无须把它切开一样。

结合已知的太阳中心温度和各种嬗变的具体情况，我们就能知道太阳内部放出的能量是由哪些反应造成的。这些重要的反应叫作"碳循环"，是两个对天体物理感兴趣的核物理学家贝蒂（Hans Albrecht Bethe）和魏扎克同时发现的。

太阳所释放的能量，主要是由一系列互相关联的热核聚变产生的，而不是单靠一种，我们把这一系列转变称为一条反应链。这条反应链的最有趣之处，在于它是一条闭合链，它在进行了6步反应后，又会回到起点。从图122这幅太阳反应链的示意图中，我们可以看出，这个循环反应的主要参加者是碳核和氮核，以及与它们碰撞的高温质子。

例如，普通碳（C^{12}）和一个质子相撞，形成了氮的同位素（N^{13}），并以 γ 射线的形式放出一些原子核能。这一步反应是核物理学家所熟知的，并已在实验室中用人工加速的高能质子实现。N^{13} 的原子核并不稳定，它会自动进行调整，放出一个正

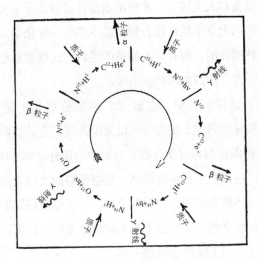

图 122　太阳的能量是由这条循环的核反应链产生的

电子（即 β^+ 粒子），从而变成碳的比较稳定的重同位素（C^{13}），煤炭中就含有少量的这种元素。这个碳同位素的原子核再被一个质子撞上，就会在强烈的 γ 辐射中变成普通的氮 N^{14}（从 N^{14} 开始，我们就可以同样方便地描述这个反应链）。这个 N^{14} 原子核再与一个热质子（第三个）相撞，变成稳定的 N^{15}。最后，N^{15} 再与第四个质子相撞，然后分裂成两个不等的部分，一个就是开始时的那个 C^{12} 原子核，另一个是氦核，也就是 α 粒子。

我们可以看到，在这个循环的反应链里，碳原子和氮原子是不断地重新产生的。因此，借用化学术语来形容，它们只是起催化剂的作用。这个反应的实际结果是接连进入反应的四个质子变成了一个氦原子核。因此，这个过程可以表述为：在高温下，氢在碳和氮的催化作用下嬗变为氦。

贝蒂成功地证明，在 2 000 万摄氏度高温下进行的这种循环反应所释放的能量，正好与太阳辐射的实际能量相当。其他各种可能发生的反应，其计算结果都与天体物理学的观测不符。因此可以确定，太阳能主要是由碳、氮循环产生的。还应注意，在太阳内部的温度条件下，完成图122所示的这个循环，差不多要500万年的时间。因此，每当这样一个周期结束时，碳（或氮）的原子核就又会以刚进入反应时的状态重新出现。

鉴于碳在这个过程中发挥的基本作用，以前曾有人认为太阳的热量来自煤的燃烧，现在，我们仍可以说这句话，不过，这里的"煤"不是真正的燃料，它扮演了神话中"不死鸟"的角色。

值得特别注意的是，太阳的这种释能反应的速率主要由中心温度和密度决定，同时也在一定程度上依赖于太阳内部的氢、碳、氮的数量。由此我们可以立即找出这样一种方法，即选择不同浓度的反应物，使它所发出的光度与观测相符，从而分析出太阳气体中的各种成分，这一方法是史瓦西近年提出的。用这种方法，他发现太阳的一大部分物质是纯氢，氦略少于一半，只有很少一部分是其他元素。

对于太阳能量所进行的解释，可以很容易地推广到其他大部分恒星上去，结论是这样的：不同质量的恒星，具有不同的中心温度，因而能量释放率也不同。例如，波江座 $O_2 - C$ 的质量是太阳的1/5，因此，它的光度只有太阳的1/10左右；而大犬座 α（俗称天狼星）比太阳重1.3倍，它的光比太阳强4倍。还有更大的恒星，如天鹅座Y380，它比太阳重40倍左右，因此比太阳亮几十万倍。上述各例所表现出的质量越大、光度越强的关系，都可用高温下"碳循环"反应速率会增大这一点来得到满意的解释。在这类属于所谓"主星序"的恒星中，我们还发现，随着恒星质量越大，它们的半径也越大（波江座 O_2-C 的半径是太阳半径的 0.43 倍，天鹅座 Y380 的半径则为太阳的 29 倍），平均密度随之减小（波江座 O_2-C 的平均密度为 2.5，太阳的平均密度为 1.4，天鹅座 Y380 的平均密度为 0.002）。图 123 中列出了属于主星序的一些恒星的数据。

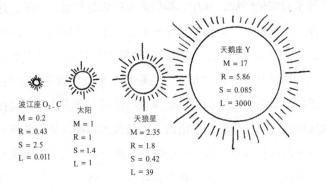

波江座 O_2 - C
M = 0.2
R = 0.43
S = 2.5
L = 0.011

太阳
M = 1
R = 1
S = 1.4
L = 1

天狼星
M = 2.35
R = 1.8
S = 0.42
L = 39

天鹅座 Y
M = 17
R = 5.86
S = 0.085
L = 3000

图 123　主星序恒星

除了这些由质量决定其半径、密度和光度的"正常"恒星之外，天文学家们还在天空中发现了一些完全不遵循这种简单规律的星体。

首先，我们要提到所谓红巨星和超巨星，它们具有与"正常"恒星相同的质量和光度，但要大得多。图 124 中画出了几个这样的异常恒星，它们是著名的飞马座 β、猎户座 α、武仙座 α 和御夫座 ε。

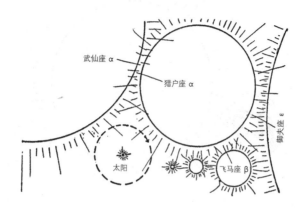

图 124　巨星和超巨星与地球轨道的比较

　　这些恒星之所以会有令人难以置信的大尺寸，显然是由于某种我们还解释不了的内部作用力所造成的。因此，这种恒星的密度远比一般恒星小。

　　与这种"浮肿"恒星形成对比的是另一类缩得很小的恒星，它们叫作白矮星[1]。图 125 画出了一颗，同时还画出地球作为比较。它是天狼星的伴星[2]，直径只有地球的 3 倍，却具有太阳的质量，因此，它的平均密度一定是水的 50 万倍！毫无疑问，这种白矮星正是恒星耗尽所有可用的氢燃料后所达到的末期状态。

---

[1] 红巨星和超巨星这两个名称，来源于它们的光度和表面的关系。由于那些密度极小的恒星有很大的表面供释放内部产生的能量，因此表面温度较低，呈红色；密度很高的恒星正好相反，表面必定有极高的温度，因而呈白热状态。

[2] 恒星中有许多是两个一组、围绕共同的质量中心旋转，这样的星叫作双星。人们往往把双星中较小（或较暗）的一颗称为另一颗的伴星。

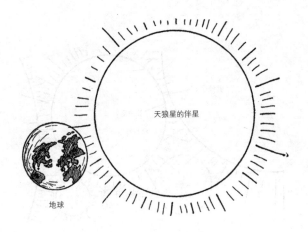

图 125　白矮星与地球比较

　　我们已经知道，恒星的生命来自氢到氦的缓慢的核嬗变过程。对于年轻的恒星，刚刚从星际弥漫物质形成时，氢元素的比例超过了整体质量的 50%。我们可以预测，它还有非常长的寿命。例如，根据太阳的光度，人们判断出它每秒钟要消耗 6.6 亿吨氢，太阳的质量是 2×10^{27} 吨，其中一半是氢，因此太阳的寿命将是 15×10^{18} 秒，即 500 亿年！要知道，太阳现在只有三四十亿岁[1]，因此它还很年轻，还能以和目前差不多的光度连续不断地照耀几百亿年！

　　但是，质量越大，光度也就越大，这样的恒星非常快速地消耗着氢。以天狼星为例，它的质量是太阳的 2.3 倍，因此它拥有的氢燃料的质量也是太阳的 2.3 倍，但它的光度却是太阳的 39

---

[1] 根据魏扎克的理论，太阳的形成不会比行星系形成早很久，因而我们地球的年龄可以认为是这么大。

倍。在相同的时间里，天狼星消耗的燃料是太阳的 39 倍，而原有的储存量只有太阳的 2.3 倍。因此，只要 30 亿年，天狼星就会把燃料用光。对于更亮的恒星，如天鹅座 Y380（质量为太阳的 17 倍，亮度是太阳的 30 000 倍），它原有的氢储存量支持不到一亿年。

一旦恒星内的氢耗尽以后，它们会变成什么样子呢？

当这种长期支持恒星的核能源丧失之后，星体必然会收缩，因此，在以后的各个阶段，密度会越来越大。

天文观测发现一大批这类"萎缩恒星"的存在，它们的平均密度比水大几十万倍以上。它们至今仍然是炽热的，由于表面温度极高，它们会放射出明亮的白光，因而和主星序中发黄光或者发红光的恒星有显著不同。不过，由于这些恒星的体积很小，它们的总亮度就相当低，比太阳要低几千倍。天文学家们把这些处于末期演化阶段的恒星叫作"白矮星"，这个"矮"字既有几何尺寸的意义，又有亮度上的含义。再到后来，白矮星将逐渐失去自己的光辉，最后变成一大团冷物质——"黑矮星"。这种天体是普通的天文观测无法发现的。

还有，我们注意到，这些年迈的恒星在烧光自己所有的氢燃料而逐步收缩冷却的时候，并不总是安静和平稳的。这些"风烛残年"的恒星经常会发生极大的突变，好像是反抗命运的判决一样。

这类灾变式的事件——所谓新星爆发和超新星爆发——是天体研究中最令人振奋的课题之一。一颗这样的恒星，原本看起来和其他恒星并没有什么两样，但在几天时间内，它的亮度就增加了几十万倍，表面温度也显著地升到极高温。研究它的光谱变化，能看出星体在迅速膨胀，最外层的扩展速度可达到 2 000 千米／秒。但是，亮度的增强只是短期的，在达到极大值后，它就开始慢慢平静下来。一般来说，这颗恒星会在爆发后一年左右的时间内恢复到原有的亮度。不过，在以后很长的时间内，它的辐射强度还会有小的变化，光度是恢复正常了，其他方面却不一定如此。爆发时随星体迅速膨胀的一部分气体，还会继续向外运动。因此，这颗星外面会包上一层不断增大的发光气体外壳。目前，我们只获得了一颗这样的新星在爆炸前的光谱（御夫座新星，1918 年），而且就连这唯一的一份资料也很不完全，对它的表面温度和原来的半径都不能十分肯定。因此，关于这一类恒星是否在持续变化的问题，目前还缺乏确定的证据。

另一类星体是所谓的超新星，对它们的爆发所进行的观测使我们对这种爆发的后果有了比较清楚的了解。这类巨大的爆发在银河系内几个世纪才发生一次（而一般的新星爆发则是每年 4 次左右），爆发时的光度要比一般的新星强几千倍。在光度达到极大值时，一颗超新星所发出的光可以抵过整个星系。第谷（Tycho Brahe）在 1572 年所观测到的可在白天见到的星，中国天文学家在 1054 年记载的客星，也许还包括犹太星，都是我们这个银河系内超新星的典型例子。

第一颗河外超新星是 1885 年在仙女座星云附近发现的，它的光度比在这个星系中发现的所有超新星都强几千倍。这类大爆发虽然很少发生，但由于巴德（Walter Baade）和兹维基（Fritz Zwicky）首先认识到了这两种爆炸的重大不同之处，并对各遥远星系中出现的超新星进行了系统的研究，近几年来我们对这类星体的性质已有了相当的了解。

超新星爆发时的光度比起普通的新星爆发来差别极大，但它们在许多方面是相似的：由两者光度的迅速增强和后期的缓慢减弱所决定的光度曲线形状相同（比例尺当然是不同的）；超新星爆炸也产生一个迅速扩展的气体外壳，不过，这个外壳所含的物质要多得多。但是，新星爆发所产生的外壳会很快变稀薄，并消失到四周的空间中。而超新星所抛出的气体物质却在爆发所波及的范围内形成光度很强的星云。例如，在1054年看到超新星爆发的位置上，我们现在看到了"蟹状星云"。这个星云肯定是由爆发时所喷出的气体形成的（见图版Ⅷ）。

　　在这颗超新星上，我们还找到了这颗恒星爆发后的某些残留痕迹的证据。事实上，就在蟹状星云的正中心，我们可以观测到一颗昏暗的星，据判断，这是一颗高密度的白矮星。

　　这一切都表明超新星爆发和新星爆发是相似的过程，只不过是前者的规模在各方面都要大得多。

　　在接受新星和超新星的"坍缩理论"之前，我们还得先问问自己：造成整个星体猛烈收缩的原因是什么？目前普遍接受的观点是：由大量炽热气体物质构成的恒星，它们原来之所以能处于平衡状态，完全是靠自身内部炽热气体的极高压力支撑的。只要恒星中心的"碳反应循环"在进行着，星体表面所辐射出的能量就会从内部深处所产生的原子核得到补充。因此，恒星几乎不发生什么宏观变化。但是，一旦氢元素完全耗尽，再无能量可以补充，星体就必然会收缩，并把自己的重力势能转变为辐射。不过，由于行星体内的物质极不善于传导热能，热能从内部传到表面的过程进行得很慢，所以这种重力收缩是非常缓慢的。以太阳为例，计算表明，要使太阳的直径收缩到现在的一半，需要

1 000万年以上。任何能使收缩加快的因素都会使星体释放出更多的重力势能，引起内部温度和压力的增长，从而使收缩的速度减慢。根据这个道理，要想造成新星和超新星那样的迅速坍缩，唯一途径是从内部运走收缩时所释放的能量。譬如说，如果星体内部物质的传导率增大几十亿倍，它的收缩速度也会加快同样的倍数，因而在几天之内，一颗恒星就会坍缩。然而，目前的理论确切地表明：物质的传导率是其密度和温度的确定函数，想要把它减小几百分之一——或者只是几十分之一，都几乎是不可能的事情。因此，这种可能性被排除了。

我和我的同事海森堡（Heisenberg）提出了这样一种观点：星体坍缩的真实原因是中微子的大量形成，这种微小的核粒子我们在第七章曾经详细地讨论过。整个星体对于它就如同一块窗玻璃对于可见光那样透明。因此，它恰好可以充当从正在收缩的恒星内部带走多余能量的理想搬运工。不过，我们得搞清楚，在收缩星体的炽热的内部是否存在中微子，以及中微子的数量是否足够多。

有很多种元素的原子核在俘获高速电子时会发射出中微子，当一个高速电子进入电子核时，马上会放出一个高能中微子。原子核得到电子后，变成原子量不变的另一种元素的不稳定核。由于不稳定，这个新原子核只能存在一定的时间，然后就会衰变，放出一个电子，同时放出一个中微子。以后，这个过程又可以从头开始，并导致新的中微子的不断产生（见图126）。我们把这个过程叫作尤卡过程。

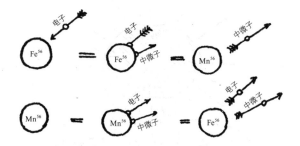

图 126　在铁原子核中发生的尤卡过程可以无休止地产生中微子

在正在收缩的星体内部，如果温度很高、密度很大，那么中微子所造成的能量损失将是极大的。例如，铁原子核在俘获和发射电子的过程中转换成中微子的能量可达每克每秒 10^{11} 尔格。如果换成成分为氧（它所产生的不稳定同位素是放射性氮，衰变期为 9 秒）的恒星，那么它所失去的能量可达每克每秒 10^{17} 尔格。在后面这种情况下，能量释放得如此之快，以致只需要 25 分钟，恒星就会完全坍缩。

由此可见，采用在收缩恒星的炽热中心区域开始产生中微子辐射这种说法，就可以完全解释星体坍缩的原因。

不过，我们还得说，尽管中微子所造成的能量损失可以比较容易计算出来，但要研究恒星坍缩本身还存在着许多数学上的困难，因此，目前我们只能提出某些定性的解释。

我们不妨这样设想：由于星体内部气体的压力不够大，外围的大量物质就会开始在重力作用下落向中心。不过，恒星一般都处于不同速度的旋转之中，因此，坍缩过程进行得并不一致，极区（即靠近旋转轴的部分）物质先落入内部，这样就会把赤道区的物质挤出来（见图 127）。

图 127　超新星爆发的早期和末期

这样一来，原本藏在深处的物质就跑了出来，并被加热到几十亿摄氏度的温度。这个温度会造成星体光度的骤增，随着这个过程的进行，原先那颗恒星中凹进去的一部分就紧紧收缩成极为致密的白矮星，而挤出来的那部分则逐渐冷却，并且继续扩张，形成像蟹状星云那样朦胧的东西。

3. 原始的混沌，膨胀的宇宙

把宇宙作为一个整体来看，我们立刻就会面临着它随时间而演化这样一个极为重要的问题。宇宙在过去、现在和将来都大概永远是目前我们所看到的模样，还是经过了各个演化阶段而不停地变化着呢？

总结从科学的各个不同分支所获得的经验，我们得到了确定的回答。是的，我们这个宇宙是在不断变化的。它的久远的过去，它的现在，它的遥远的将来，是三种大为不同的状态。由各门学科搜集来的大量事实进一步表明，我们的宇宙有过一个开端，从这个开端起，宇宙经过不断变化，发展成现在的样子。大家已经知道，行星系的年龄有几十亿岁了，这个数字在各项不同的独立研究中都顽强地多次出现。月亮显然是被太阳强大的吸引力从地球上扯掉的一块物质，同样也应该是在几十亿年前形成的。

对一颗颗恒星的演化过程进行研究（见上节）表明，我们在天上所见到的大多数恒星也都有几十亿年的岁数。通过对恒星运动的普遍研究，特别是对双星、三星和更复杂的银河星团相对运动的考察，使天文学家们得出结论，这几种结构的存在时间不会超过几十亿年。

另一个独立的证据是由各种化学元素，特别是钍、铀之类缓慢衰变的放射性元素的大量存在这个事实提供的。它们虽然在不断衰变，却至今仍然在宇宙中存在着，这就使我们有依据假定说，要么这些元素目前还在由其他轻元素的原子核不断形成，要么它们是大自然货架上那些年代久远的产物的存货。

我们目前所具备的核嬗变知识，迫使我们放弃第一种可能性。因为即使在最热的恒星内部，温度也未达到足以"烹饪"出重原子核的极高程度。事实上，我们已经知道，恒星内部的温度有几千万摄氏度，而要想从轻元素的原子核"烹饪"出放射性的原子核，温度得有几十亿摄氏度才可以。

因此，我们必须假设，这些重元素的原子核是宇宙以前产生的，在那个特殊的时候，所有的物质都受到极为可怕的高温和高压的作用。

我们能够把这个宇宙的"炼狱"时期大致地计算出来。我们知道，钍和铀238的半衰期分别是180亿年和45亿年，而它们迄今还没有大量衰变，因为它们目前的数量还和别的稳定元素一样多。至于铀235，它的半衰期只有约5亿年，是铀238的数量的1/140。钍和铀238的大量存在表明，这些元素的形成距今不会超过数十亿年，同时，我们还能从含量较少的铀235进一步计算该时间，因为这种元素每隔5亿年减少一半，所以，必须经过七个这样的半衰期（即35亿年），才能减少为原来数量的1/128，这是因为

$$\frac{1}{2} \times \frac{1}{2} \times \frac{1}{2} \times \frac{1}{2} \times \frac{1}{2} \times \frac{1}{2} \times \frac{1}{2} = \frac{1}{128}$$

从核物理学的角度出发对化学元素的年龄进行的这种计算，与根据天文学数据算出的星系、恒星和行星的年龄，两者吻合得极好！

不过，几十亿年前，在万物刚开始形成的早期阶段，宇宙是处在何种状态之中呢？宇宙又经历了什么变化才达到现在这种样子呢？

对于这两个问题，最合适的答案是通过研究"宇宙膨胀"现象得出的。前文我们已经看到，在宇宙的巨大空间中，散布着大量的巨大星系，太阳所属的包含几百亿个恒星的银河只是其中之一。我们还看到，在我们视力所及的范围内（当然，该视力是由200英寸的望远镜帮忙的），这些星系基本上是均匀分布的。

威尔逊山上的天文学家哈勃在研究来自遥远星系的光线时，发现它们的光谱都向红端作轻微移动；而且，星系越远，这种

"红移"就越大。实际上，我们发现，各星系"红移"的大小与它们离我们的距离成正比。

最自然的关于这种现象的解释是假设一切星系都在离开我们，离开的速度随距离的增大而增大。这个解释建立在所谓"多普勒效应"上。这就是说，当光源接近我们时，光的颜色会向光谱的紫端移动；当光源离我们而去时，光的颜色会向红端移动。当然，想要得到明显的谱线移动，光源的观察者之间的相对速度必须很大。伍德（R.W.Wood）教授曾因在巴尔的摩闯红灯被拘留。他对法官说，由于我们上文说的现象，他在驾驶汽车时把信号灯射出的红光看成了绿色。这位教授完全是在愚弄法官，如果法官的物理学得不错，他就会问伍德教授，要把红灯看成绿灯，汽车的速度要高达多少，然后再以超速行车的理由予以罚款。

回到星系的"红移"问题上来，这个问题，我们乍一看有点蹊跷：为什么宇宙的所有星系都在离开我们银河系呢？难道银河系是一个能吓退一切的夜叉吗？如果真是如此，我们的银河系又具有什么吓退其他星系的特点呢？为什么它看来竟会如此与众不同呢？如果好好思考这个问题，就会很容易发现，银河系本身并无特殊之处，别的星系实际上并不是要故意躲开我们，事实只不过是所有的星系都在彼此分开。设想有一个气球，上面涂着一个个小圆点（见图 128），如果向这个气球里吹气，使它越来越大，各点间的距离就会增大。因此，待在任何一个圆点上的一只蚂蚁就会认为，其他所有各点都在"逃离"它所在的那个点。不仅如此，在这个膨胀的气球上，各圆点的退行速度都是与它们和蚂蚁之间的距离成正比的。

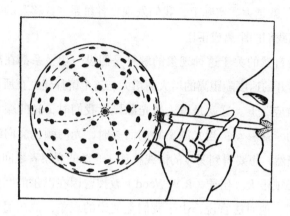

图 128　当气球膨胀时，上面的每一个点都与其他各点逐渐远离

这个例子很清楚地说明，哈勃所观察到的星系后退的现象，与我们这个银河系所处的位置或它所具有的性质并没有什么关系，这个现象只不过是由于散布着星系的宇宙空间在经历着普遍的均匀膨胀而已。

根据所观测到的膨胀速度和现在各相邻星系之间的距离，可以很容易地计算出，这个膨胀至少在 50 亿年前就开始了 [①]。

在这之前，当时的星云（目前的各个星系）正在形成在整个宇宙空间内均匀分布的恒星。再往前，这些恒星也都紧紧挤在一起，使宇宙充满了连续的炽热气体。再往前，这些气体越来越致

---

① 哈勃的原始数据是：两个相邻星系的平均距离为 170 万光年（即 1.6×10^{19} 千米），它们之间的相对退行速度约为 300 千米 / 秒。假设宇宙是均匀膨胀的，它膨胀的时间就会是

$$\frac{1.6 \times 10^{19}}{300} = 5 \times 10^{16}（秒）= 1.8 \times 10^{9}（年）$$

根据目前最新取得的数据，所计算的数值比上面这个数字更大一些。

密，越来越炽热，这个阶段显然应该是各种元素（特别是放射性元素）产生的时代。再往前，宇宙间的物质都处于超密和超热的状态，成了我们在第七章提到过的那种核液体。

现在让我们把这些情况归纳起来，按正常的顺序来看宇宙的进化。

故事从宇宙的胚胎阶段开始，所有用当今威尔逊山望远镜（观察半径为 5 亿光年）看到的一切物质都被挤在一个半径八倍于太阳的球体内①。但是这种极为致密的状态不会长期存在，只需要两秒钟，在迅速的膨胀作用下，宇宙的密度就能达到水的几百万倍；几小时后，就会达到水的密度。大概就是在这个时候，原来连续的气体分裂成单独的气体球，它们就是如今的恒星。在不断的膨胀下，这些恒星后来又被分开，形成各种星云系统，它们就是现在的各个星系，如今仍在向着不可预测的宇宙深处退去。

我们现在可以自问：造成宇宙膨胀的作用力是一种什么样的力呢？这种膨胀将来会不会停止，并变为收缩呢？宇宙是否有可能反转过来，把银河系、太阳、地球和人类重新挤压成具有原子核密度的凝块呢？

根据目前最可靠的消息，这种事情是绝不会发生的。很久以

---

① 核液体的密度为 10^{14} 克/厘米 ^{3}，而目前空间物质的密度为 10^{-30} 克/厘米 ^{3}，所以宇宙的线收缩率为

$$\sqrt[3]{\frac{10^{14}}{10^{-30}}} = 5 \times 10^{14}$$

因此，5×10^8 光年的距离在当时只有 $\frac{5 \times 10^8}{5 \times 10^{14}} = 10^{-6}$（光年），即 1 000 万千米。

前，在宇宙进化早期，宇宙冲破了一切束缚自己的锁链——该锁链就是阻止了宇宙物质分离的重力——开始膨胀，因此，它们就会遵照惯性定律继续膨胀下去。

我们举一个简单的例子来说明这种情况。从地球表面向星际空间发射一枚火箭，我们知道，过去所有的火箭，包括著名的 V-2 火箭在内，都没有足够的推动力以进入空间；它们在上升的过程中就会由于重力的作用而停止上升，并落回地球。不过，如果我们能使火箭具有足够的功率，使它的起始速度超过11千米/秒，这枚火箭就可以克服重力的作用而进入自由空间，并且不受阻挡地运行下去。11千米/秒的速度通常被称为克服地球重力的"逃逸速度"。

假设有一发炮弹在空中爆炸了，碎片向四面飞去［见图129（a）］。爆炸时产生的冲击力大于想把它们拉在一起的重力，而使弹片互相分离。不用说，在这种情况下各弹片之间的引力作用极为微弱，根本不足以影响它们在空中的运动，因而可以忽略不计。但是，如果重力很强，就会使各弹片在途中停止，再落回到它们的共同重心［见图129（b）］。它们最终是返回来聚在一起还是飞向无限的空间，这决定于它们的动能和重力势能的相对大小。

把炮弹换成星系，就会得到前文所说的宇宙膨胀的景象。不过，这时各星系的巨大质量造成了很大的重力势能，与动能不相上下①。因此，有关宇宙膨胀的前景，只有在仔细研究过这两种

---

① 动能和运动物体的质量成正比，势能却与质量的平方成正比。

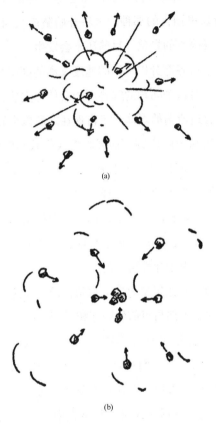

(a)

(b)

图 129 炮弹在空中爆炸

能量以后才能得知。

　　根据目前掌握的最可靠的星系的质量数据来看，各个互相离开的星系所具有的动能是其重力势能的几倍。因此，大概可以这样说，宇宙会无限地膨胀下去，而不会被它们之间的引力重新拉近。不过要记住，总体来说有关宇宙的数据都不是绝对的准确，将来的进一步研究很可能会把整个结论推翻。不过，即使宇宙真的停止膨胀，并且反转进行收缩，那也得需要几十亿年的时间。因此，黑人诗歌里预言的那种"星星开始坠落"、我们在坍缩星系的重压下粉身碎骨的景象，目前还不会发生。

这种造成宇宙各部分以可怕的速度飞离的高爆炸力物质究竟是什么东西呢？对这个问题的解答可能会使你失望：事实上，很可能从来不曾有过所谓的爆炸。宇宙现在之所以会膨胀，只是因为在这之前它曾从无限广阔的地域收缩成很致密的状态（当然，这段历史是没有任何记录保留下来的），然后又反弹回来，如同被压缩的物体具有强大的弹力一样。如果你走进一间球室，正好看到一只乒乓球从地板跳到空中，你当然会得出结论（根本不用怎么思考）说，在你进入这间屋子之前，这个球一定是从某个高度落到了地板上，由于弹性再次跳起的。

现在，我们不妨让想象力自由驰骋，设想在这个宇宙的压缩阶段，一切事物是否都与目前的顺序相反呢？

如果是在 80 亿年或 10 亿年前，你是否会从书尾读起，读到这本书的首页？那时的人们是否会从自己口中扯出一只油炸鸡，在厨房中使它复活，再把它送到养鸡场。在那里，它从一只大鸡"长成"一只小鸡，最后压缩进一只蛋壳中，再经几周的时间变成一枚新鲜的鸡蛋？这倒是很有趣的。不过，对于这类问题，是不可能从纯粹的科学观点进行解答的，因为在这种情况下，宇宙内部的极大压力会把一切物质挤压成一种均匀的核液体，从而把以前的一切痕迹完全抹掉。

图 版

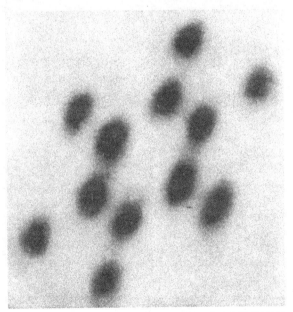

（由 M. L. 哈金斯博士提供，伊士曼柯达实验室）

图版 I　放大 140 000 000 倍的六甲基苯分子

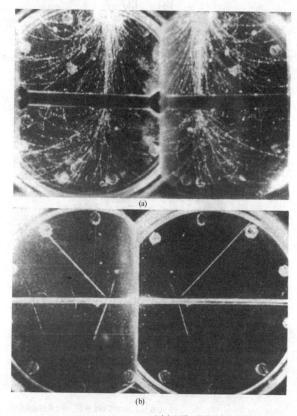

（由加州理工学院的卡尔·安德森拍摄）

图版 II （a）宇宙射线簇射于云室的外壁，再在中间的导板中形成，簇射的正、负电子通过磁场偏转方向相反；（b）宇宙线粒子在中央隔片上引起核衰变

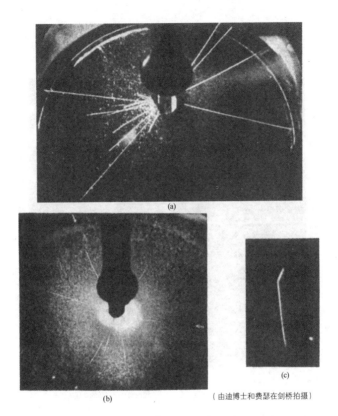

(a)

(b)

(c)

（由迪博士和费瑟在剑桥拍摄）

图版Ⅲ 由人工加速的抛射物引起的原子核的转变

（a）一个快速的氘与另一个氘碰撞，产生氚和普通氢的原子核（$_1D^2 +$
$_1D^2 \longrightarrow _1T^3 + _1H^1$）；（b）快质子撞击硼的核心时，将它分解成三个相等的部分
（$_5B^{11} + _1H^1 \longrightarrow 3_2He^4$）；（c）图中看不见的从左边射来的中子将氮原子核分裂成
硼原子核（向上轨道）和氦原子核（向下轨道）（$_7N^{14} + _0n^1 \longrightarrow _5B^{11} + _2He^4$）

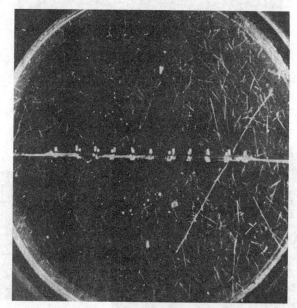

（由包基尔德、勃劳特斯劳姆以及哥本哈根
理论物理研究所的娄瑞拍摄）

　　图版 IV　　铀核裂变的云室照片［一个中子（当然，这在照片中看不到）击中
了铀核中的一个，这个铀核位于一个薄层中，这个薄层位于整个铀室中。这两条
轨道对应着两个裂变碎片，带着 1 亿电子伏的能量飞离］

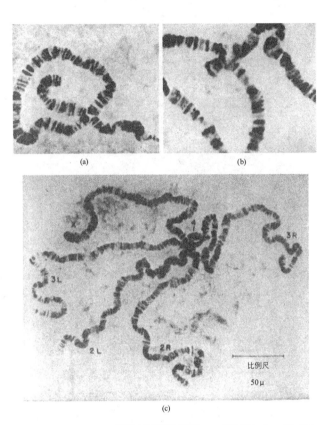

(摘自《果蝇指南》, M. Demerec 和 B. P. Kaufmann 著。1945
年，华盛顿卡内基基金会。经 Demerec 先生许可使用）

　　图版 V（a）和（b）果蝇唾液腺体中染色体的显微照片，显示倒置和互转
位；（c）雌性果蝇幼体染色体的显微照片（图中标有 X 的是紧紧挨在一起的一对
X 染色体，2L 和 2R 是第二对染色体，3L 和 3R 是第三对染色体，标有 4 的是第
四对染色体）

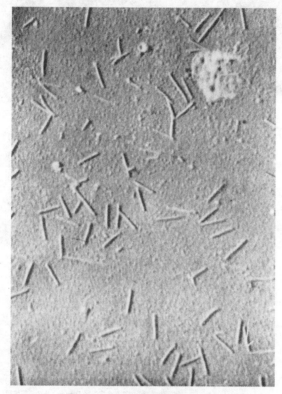

（由奥斯特博士和斯坦利博士拍摄）

图版 VI　放大 26 100 倍的烟草花叶病病毒体（这张照片是用电子显微镜拍摄的）

图版 VII　（a）大熊座中的漩涡星系，一个遥远的宇宙岛（正视图）；（b）后发座中的漩涡星系 NGC4565（侧视图）

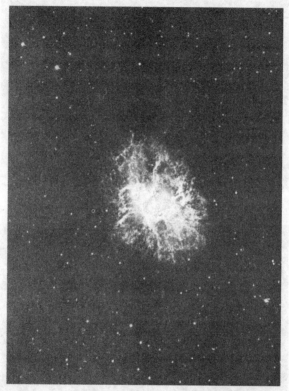

（W 在威尔逊山天文台拍摄）

图版 VIII 蟹状星云（中国古代天文学家于 1054 年在天空中这个星云的位置上观测到一颗超新星爆发，这个星云是爆发时抛出的气体膨胀而成的包层）